U0638639

计算机技术与智能控制理论应用研究

马黎 陈昕志 姚云磊 著

吉林科学技术出版社

图书在版编目（ＣＩＰ）数据

计算机技术与智能控制理论应用研究 / 马黎，陈昕
志，姚云磊著. -- 长春 : 吉林科学技术出版社，2024.
6. -- ISBN 978-7-5744-1656-7

Ⅰ．TP3；TP273

中国国家版本馆 CIP 数据核字第 20240XT993 号

计算机技术与智能控制理论应用研究

著　　者	马　黎 陈昕志 姚云磊
出 版 人	宛　霞
责任编辑	王天月
封面设计	杨　慧
制　　版	杨　慧
幅面尺寸	185mm×260mm
开　　本	16
字　　数	100 千字
印　　张	6.5
印　　数	1～1500 册
版　　次	2024 年 6 月第 1 版
印　　次	2024 年 12 月第 1 次印刷

出　　版　吉林科学技术出版社
发　　行　吉林科学技术出版社
地　　址　长春市福祉大路 5788 号出版大厦 A 座
邮　　编　130118
发行部电话/传真　0431—81629529 81629530 81629531
　　　　　　　　　　81629532 81629533 81629534
储运部电话　0431-86059116
编辑部电话　0431-81629510
印　　刷　三河市嵩川印刷有限公司

书　　号　ISBN 978-7-5744-1656-7
定　　价　40.00 元

《计算机技术与智能控制理论应用研究》

著 者

马　黎（商丘职业技术学院）

陈昕志（河南职业技术学院）

姚云磊（开封大学）

前　言

　　本书是一本关于计算机技术与智能控制理论应用研究的著作。本书以计算机的相关概念为切入点，对计算机的分类与应用领域加以阐述，针对计算机技术对社会的影响与发展趋势进行描述。从计算机的系统入手，分别介绍了软硬件系统的相关概念和用法。接着对计算机技术加以介绍，包括数据通信技术、局域网技术、通信网与接入网技术等内容，最后针对智能控制理论进行阐述。计算机技术与智能控制理论将在未来发挥更加重要的作用，推动人类社会迈向更加美好的未来。本书内容丰富、实用、通俗易懂，适合计算机相关专业人员参考阅读。

目 录

第一章　计算机概述

第一节　计算机与信息

计算机（Computer）是一类可以进行高速运算的计算机器。它不仅具备数值计算和逻辑计算的功能，同时它还是能够按照程序运行并高速处理大量数据的智能电子设备。由于电子计算机是人类脑力劳动的工具，因此又被称为电脑。如今，计算机不但已经成为人类社会走向现代化的必备工具，而且计算机的科技水平以及应用程度也已经成为衡量一个国家国防、科技、经济水平的重要标志。

计算机的飞速发展同时带动了信息产业的发展。所谓信息，是人类一切生存活动和自然存在所传达的信号与消息，是人类社会所创造的全部知识的总和。而与信息息息相关的就是信息技术。信息技术是人类开发利用信息的方法和手段，主要包括信息的产生、收集、表示、存储、传递、处理以及利用等方面的技术。如今，信息技术不仅涵盖了通信技术、计算机技术、多媒体技术、信息处理技术等技术，同时还涉及自控技术、新材料技术、传感技术等前沿技术。在当今信息社会中，互联网的应用持续扩展，信息技术和信息产业也日新月异。

第二节　计算机分类

计算机技术发展迅速，计算机类型不断分化，各种不同类型的计算机不断涌现。根据计算机结构原理的不同对其进行分类，可分为模拟计算机、数字计算机和混合式计算机；根据计算机的用途对其进行分类，可分为专用计算机和通用计算机；根据计算机的性能指标和作用来对其进行分类，可分为巨型机、大型计算机、小型机及微型机。随着计算机技术的飞速发展，计算机性能也在不断地改进。过去一台大型机的各项性能指标可能还不及今天的一台微型计算机，因此计算机类别的划分很难有一个非常精确的标准。根据计算机的性能指标，同时结合计算机应用领域的不同，我们将计算机分为五大类：高性能计算机、微型计算机、工作站、服务器、嵌入式计算机。

一、高性能计算机

高性能计算机也就是超级计算机。我国生产的曙光 4000A、联想深腾 6800 都位列全球高性能计算机 Top 500 排行榜中。其中，落户上海超级计算中心的曙光 4000A 凭着 11 万亿次每秒的峰值速度位列全球前十。至此，中国已经成为继美国、日本之后第 3 个拥有进入世界前十位的高性能计算机的国家。

二、微型计算机

大规模、超大规模集成电路的发展为微型计算机的出现奠定了基础。中央处理器（Central Processing Unit，CPU）就是运用接触电路技术将计算机运算器和控制器集成在一块大规模的集成电路芯片上。中央处理器就好比微型计算机的心脏，是微型计算机的核心部件。由于微型计算机价格便宜、软件丰富、使用简捷、性能优越，因此已经广泛应用于办公和家庭生活中。台式计算机和笔记本式计算机都是我们常用的微型计算机。

三、工作站

工作站是一种高档的通用微型计算机，通常配有高分辨率的大屏幕显示器和大容量的内部存储器和外部存储器，具备强大的图形、图像处理功能和高速的数据运算能力。工作站主要用于工程设计、金融管理、动画制作等专业领域的设计开发。

四、服务器

服务器是在网络环境下为多个用户提供共享资源和服务的一类计算机产品。服务器具有存储容量大、网络通信功能强、安全可靠等优点。在服务器上一般运行专门的网络操作系统，为网络用户提供文件传输、数据库通信等服务。

五、嵌入式计算机

嵌入式计算机是指嵌入对象中，实现对对象智能化控制的专用计算机系统。嵌入式计算机系统是以应用为中心，以计算机技术为基础，并且软硬件可裁剪，适用于应用系统对功能、可靠性、成本、体积、功耗有严格要求的专用计算机系统。它一般由嵌入式微处理器、外围硬件设备、嵌入式操作系统和用户应用程序 4 部分组成，用于实现对其他设备的控制、监视和管理等功能。如今嵌入式计算机已经深入我们生活中，手机、空调、电视机顶盒、数码相机、汽车等都有嵌入式计算机的身影。

第三节　计算机的主要应用领域

计算机的应用已经渗透到社会的各行各业，正在改变着人类传统的工作、学习和生活方式，推动着人类社会的发展。计算机的主要应用领域有科学计算、数据处理、计算机辅助系统、过程控制、人工智能、网络应用等。

一、科学计算

科学计算又称为数值计算，是指利用计算机技术来完成工程技术和科学研究中所提出的数学问题的计算。科学计算是计算机最早的应用领域。在现代科学技术工作中，科学计算问题是大量且复杂的，这就要求计算机具备高速计算和连续运算的能力，以及超大的存储容量，从而实现人工计算无法解决的各种科学计算问题。

二、数据处理

数据处理也就是信息处理，是指对各种数据进行收集、存储、整理、分类、统计、比较、检索、增删、判别等一系列活动的统称。数据处理的主要工作不是运算，即使涉及运算，计算方法一般都比较简单。

数据处理从简单到复杂已经历了 3 个发展阶段，具体如下。

（1）电子数据处理（Electronic Data Processing，EDP）阶段，以文件系统为工具，实

现一个部门内的单项管理，以提高工作效率。

（2）管理信息系统（Management Information System，MIS）阶段，以数据库技术为工具，实现部门事务的全面管理，以提高工作效率。

（3）决策支持系统（Decision Support System，DSS）阶段，以数据库、模型库和方法库为基础，协助决策者提高决策水平，提高运营策略的正确性与有效性。

目前，数据处理已广泛地应用于办公自动化、企业计算机辅助管理与决策、情报检索、电影电视动画设计、图书管理等各行各业。

三、计算机辅助系统

计算机辅助技术包括计算机辅助设计、计算机辅助制造、计算机集成制造系统和计算机辅助教育等内容。

（1）计算机辅助设计（Computer Aided Design，CAD）是利用计算机系统辅助设计人员进行工程或产品设计，从而实现最佳设计效果的一种技术。目前，此技术已广泛应用于飞机、汽车、机械、电子、建筑和轻工业等领域。例如，在电子计算机的设计过程中，利用 CAD 技术进行体系结构模拟、逻辑模拟、插件划分、自动布线等，从而大大提高设计工作的自动化程度。采用 CAD 技术，不但可以提高设计速度，而且可以大幅提高设计质量。

（2）计算机辅助制造（Computer Aided Manufacturing，CAM）是指利用计算机系统进行生产设备的管理、控制和操作的过程。例如，在产品的制造过程中，利用计算机控制机器的运行、处理生产过程中所需的数据、控制和处理材料的流动以及对产品进行检测等。使用 CAM 技术可以大幅提高产品质量，降低成本，缩短生产周期，改善劳动条件。

（3）计算机集成制造系统（Computer Integrated Manufacturing System，CIMS）是将CAD 和 CAM 技术集成，实现设计和生产自动化。在信息技术自动化技术与制造的基础上，通过计算机把分散在产品设计制造过程中孤立的自动化子系统有机地集成起来，形成能够实现整体效益的集成化和智能化体系。计算机集成制造系统将真正实现无人化工厂。

（4）计算机辅助教育（Computer Based Education，CBE）目前已经广泛应用于教育领域。近 20 年来计算机辅助教育逐渐兴起，已经成为教育现代化的标志之一。计算机辅助教育包括计算机辅助教学（Computer Aided Instruction，CAI）和计算机管理教学（Computer Managed Instruction，CMI）。CAI 的主要特色是交互教育、个别指导和因人施教。CMI 包括使用计算机实现多种教学事务管理，如课程安排、教学计划的制订等工作。CBE 利用计算机系统使用课件来进行教学，计算机向学习人员提供教学内容，通过学习者和计算机之间相互交互来完成多种教学任务。

四、过程控制

过程控制又称为实时控制，是利用计算机及时采集检测数据，按最优值迅速地对控制对象进行自动调节或自动控制。通过计算机进行过程控制，不仅可以大大提高控制的自动化水平，还可以提高控制的及时性和准确性，从而改善劳动条件，提高产品质量。计算机过程控制已在冶金、机械、石油、纺织、化工、水电、航天等行业得到了广泛应用。例如，在汽车工业方面，利用计算机控制机床，全方面控制整个装配流水线，不仅可以实现精度要求高、形状复杂的零件加工的自动化，还可以让整个车间或工厂实现全面自动化。

五、人工智能

人工智能（Artificial Intelligence，AI）是计算机模拟人类的智力活动，诸如感知、判断、理解、学习、问题求解和图像识别等。近年来，人工智能已经成为计算机技术领域中十分重要的一门学科。人工智能不但可以模拟人类的视觉、触觉、听觉和嗅觉，而且可以模拟人类的推理能力和思维能力、人类自然语言的理解与自动翻译能力、文字和图像的识别能力。计算机博弈等也是人工智能的应用研究范围。目前，人工智能的研究已取得很大的成果，很多方面已经开始走向实用阶段。例如，利用计算机人工智能模拟医学专家进行疾病诊疗的专家系统，以及制造业具有一定思维能力的智能机器人等。

六、网络应用

计算机技术与现代通信技术的结合构成了计算机网络。计算机网络的建立，不仅解决了一个单位、一个地区、一个国家内计算机与计算机之间通信及各种软、硬件资源共享的问题，也极大地促进了国际的视频、声音、文字、图像等各类数据的传输与处理。

第四节　计算机技术对于社会发展的影响

随着计算机技术的飞速发展，它在人们的社会生活中的地位越来越重要，已经被应用到社会生产和生活的各个领域中，并显示出了强大的生命力。我们将从以下几个方面来探讨计算机技术是如何影响社会发展的。

一、推动社会生产力的发展

自工业革命以来，人类社会主要发生了 3 次技术革命，其中，第 3 次技术革命中最有划时代意义的是电子计算机的迅速发展和广泛应用，它是现代信息技术的核心。第 3 次技术革命与前两次最明显的不同之处就是它更好地解决了技术问题，即科学由潜在生产力向现实生产力转化的中间环节问题。通过计算机的发展和应用，信息技术的可靠性、及时性和有效性会变得更强，人们掌握的信息量将增大，信息的传输渠道也将增多。信息技术的发展将会影响到与之相关产业的产生与发展。例如，现代物流、电子商务、现代生物技术等。同时，信息技术在这些产业的开发和应用过程中也会得到巨大的发展。信息技术作为科学技术的前沿，它的广泛应用，使科学技术作为人类社会第一生产力的地位得到提升，加快了社会生产力的发展和人们生活水平的提高。

二、对经济的影响

计算机技术在整个社会的应用，对社会经济产生了巨大影响。一方面，计算机技术将使原有的产业结构发生变化。以电子计算机为基础，从事信息生产、传递、储存、加工和处理的信息产业凭借自身的优势，迅速从第三产业中划分出来，形成独具特色的第四产业。据德国有关部门统计，1997~2000 年，信息与通信技术在全球范围内的市场经济总量增长了 50%，达到 20120 亿欧元。如果按照每年平均 15%的增长速度推算，信息产业未来将逐步超越第一、第二产业，在各国经济发展中占据更加突出的地位。另一方面，计算机技术将推动社会经济大幅提升。信息产业是高就业型产业，可扩大就业带动产出。截至 2010 年上半年，信息产业的国内生产总值占中国国内生产总值的 4%，对 GDP 的直接贡献率超过

10%。据中商情报网数据显示，2011 年，中国电子计算机行业规模以上企业从业人员为 185.2 万人，同比增长 18.03%。

三、对生产方式和工作方式的影响

工业社会里，机器生产取代了以往的农业、手工业生产，生产力水平大幅提高，大大减轻了工人的劳动强度，工人沦为"机器的附庸"，但仍然是工厂劳动的主力。随着计算机技术的发展，工人的简单重复劳动以及繁重的体力劳动逐渐被计算机以及与计算机辅助技术和控制技术相关的机器所取代，工人阶级的素质和知识化水平发生重要变化，越来越多的工人开始从事脑力劳动。

计算机技术在生产领域的广泛应用，使人们的生产方式和工作方式发生了巨大的变化。例如，在工程或产品的设计过程中，计算机辅助设计代替了传统的工人手工绘图方式，使设计人员从繁重、复杂的计算过程中解脱出来，集中力量发挥人的创造性思维，提高了设计效率和产品设计的质量，缩短了设计周期；在产品的制造过程中，利用计算机控制机器的运行，自动完成产品的加工、装配、检测和包装等过程，改变了传统加工手段的烦琐，工人在操作时只需监视设备的运行状态，如此一来，降低了工人的劳动强度，改善了工人的工作条件，提高了加工速度和生产自动化水平，缩短了加工准备时间，降低了生产成本，提高了产品质量。此外，那些需要大量繁重而重复的劳动且精度要求高，或需要长时间连续在放射性、有毒等危险环境下进行的工作，在没有计算机之前，都是由工人完成的，而有了计算机之后，这些工作正在逐步由计算机代替。不难看出，随着计算机进入生产过程，它将工人从原先大量繁重的体力劳动中解放出来，让他们从事更为灵活的与计算机相关的生产活动，可以说，这是人类生产史上的一个飞跃。

四、对生活的影响

计算机技术已经融入人类的日常生活中。我们可以利用计算机进行信息处理，比如，处理文字、声音、图像等。教师可以利用计算机进行辅助教学，使学生从图文并茂的课件中轻松学到所需知识；医生可以利用具有高诊断水平的智能机器人为病人进行诊断等。随着计算机技术和现代通信技术的结合，一方面，我们可以通过计算机进行方便的交流、沟通，缩短了人与人之间在空间上、时间上的距离，形成地球村；另一方面，我们还可以通过计算机得到任何需要的服务，如网上办公、收发电子邮件、网上看电影、网上购物、网上授课、网上看病等。计算机使我们的生活变得更加丰富多彩。

五、其他方面

除了上面列举的内容，计算机对社会其他方面也有着积极的影响。例如，帮助人们攻克一个又一个科学难题，使得原本人工需要花费几十年甚至上百年才能解决的复杂的计算在几秒内就能完成；帮助决策者明确决策目标，提供各种备选方案及评价，提高决策水平，改善运营策略的正确性和有效性；帮助工人在工作过程中控制系统，代替工人的体力劳动和部分代替脑力劳动，对工人的科学文化素质提出了新的要求，类似地，全体社会成员的科学文化素养也将随着计算机的广泛应用而提高。

由此可见，计算机技术的发展将会对人类社会产生积极的影响，将会引起社会生产和生活方式发生革命性变化，将会推动人类社会向更高的阶段发展。

第五节　计算机的发展趋势

一、计算机的发展方向

从 1946 年第一台计算机诞生至今的半个多世纪里，计算机的各项应用得到不断拓展，计算机类型不断分化，使得计算机的发展朝不同的方向延伸。如今的计算机技术正朝着巨型化、网络化、微型化和智能化方向发展。

1.巨型化

巨型化是指计算机具有极高的运算速度、超大容量的存储空间以及更加强大和完善的功能，巨型计算机主要用于航空航天、军事、气象、人工智能、生物工程等领域。

2.微型化

随着大规模、超大规模集成电路的发展，计算机微型化已成为必然趋势。从第一块微处理器芯片问世以来，微型化发展速度与日俱增。计算机芯片的集成度每隔 18 个月增加一倍，而其价格则减一半，符合信息技术发展功能和价格比的摩尔定律。计算机芯片集成度越来越高，能够完成的功能越来越强，使计算机微型化的普及和进程也越来越快。

3.网络化

网络化是计算机技术和通信技术紧密结合的产物。进入 20 世纪 90 年代以来，随着 Internet 的飞速发展，计算机网络已经广泛应用于政府机构、学校、企业、科研、家庭等领域，越来越多的人接触并了解到计算机网络的概念。计算机网络技术将不同地理位置上具有独立功能的计算机通过通信设备和传输介质连接起来，在通信软件的支持下，可以实现网络中计算机之间的资源共享、信息交换。计算机网络技术发展水平已成为衡量国家现代化程度的重要指标，在国家经济发展中发挥着极其重要的作用。

4.智能化

智能化是指计算机能够模拟人类的智力活动，如学习、感知、理解、判断、推理等。智能化的计算机拥有理解自然语言、声音、文字和图像的能力，同时具有说话的能力，使人机能够用自然语言直接对话。它能不断学习知识，并可以利用已有的知识，进行思维、联想、推理，从而得出结论并解决复杂问题。

二、未来的新型计算机

从计算机的诞生及发展我们可以看到，如今计算机技术的发展都是以电力电子技术的发展为基础的，集成电路芯片是计算机的核心部件。伴随着高新技术的研究和发展，新型计算机也在不断开辟新的领域。目前，开发研究的新型计算机有分子计算机、量子计算机、生物计算机和光计算机。

分子计算机（Molecular Computer）就是尝试利用分子计算的能力进行信息的处理。分子计算机的运行依靠的是分子晶体可以吸收以电荷形式存在的信息，并以更加有效的方式对其进行组织排列。凭借分子纳米级的尺寸，分子计算机的体积将剧减。此外，分子计算机的耗电量可以大大减小，并且能更长期地存储大量数据。

量子计算机（Quantum Computer）是一类在遵循量子力学规律的前提下，进行高速数学和逻辑运算、存储及处理量子信息的物理装置。当计算机中的某个装置处理和计算的是量子信息，并且运行的是量子算法时，那么这台计算机就是量子计算机。量子计算机中最小的信息单元为量子比特。量子比特不是只有开、关两种状态，而是以多种状态同时出现。量子比特的数据结构对采用并行结构的计算机处理信息的功能是非常有帮助的。

量子计算机的概念源于对可逆计算机的研究。研究可逆计算机的目的是解决计算机中的能耗问题。量子计算机具有一些非常神奇的性质，如信息传输可以不需要时间，信息处理的能量可以接近零。

生物计算机（Biological Computer）又称仿生计算机（Bionic Computer）。它是以生物芯片取代集成在半导体硅片上数以万计的晶体管而制成的计算机。它的主要原材料是生物工程技术产生的蛋白质分子，并以此作为生物芯片。生物芯片本身还具有并行处理的功能，其运算速度要比当今最新一代的计算机快 10 万倍，而能量消耗仅相当于普通计算机的十亿分之一。生物计算机涉及计算机科学、脑科学、分子生物学、神经生物学、生物工程、生物物理、物理学和化学等学科。目前，生物芯片仍然处于研制阶段，但在生物元件尤其是生物传感器的研制上已经取得不少成果。

光子计算机是一种利用光信号进行数字运算、逻辑操作、信息存贮和处理的新型计算机。它由激光器、光学反射镜、透镜、滤波器等光学元件和设备构成，依靠激光束进入反射镜和透镜组成的阵列来进行信息处理，以光子代替电子，光运算代替电运算。光并行、高速的特点，决定了光子计算机并行处理的能力很强，具有超高运算速度。光子计算机同时还具有与人脑相似的容错性，系统中某一元件损坏或出错时，并不影响最终的计算结果。光子在光介质中传输所造成的信息畸变和失真非常小。在光子的传输和转换过程中，能量消耗和散热量也极低，对环境条件的要求比电子计算机低得多。

第二章　计算机系统基础

如同人脑的构造一样，计算机是一个有机的组成。计算机系统由计算机硬件系统和软件系统组成。计算机系统接收并存储外界（用户）输入的信息，自动进行各种信息处理，并将处理结果反馈给外界。相比于人脑，计算机系统具有以下几个特点：计算快速精准、存储量巨大、通用易用，可以形成巨大的网络。计算机系统广泛运用于科学计算、过程控制和事务处理，改变了人们的生活方式，影响着社会的发展。

第一节　冯·诺依曼体系结构

一、冯·诺依曼体系结构

冯·诺依曼之所以被世界公认为"计算机之父"，主要是因为他设计了"冯·诺依曼体系结构"，该结构的计算机采用二进制并且按照程序顺序执行命令。冯·诺依曼体系结构是现代计算机的基础，同时奠定了计算机系统结构的基础。在冯·诺依曼体系机构中，计算机主要由控制器、运算器、存储器（内存储器、外存储器）、输入设备、输出设备5部分组成。

在冯·诺依曼体系结构构成的计算机中，程序和数据存储在同一个存储器中，程序指令和数据的宽度相同，利用地址进行线性的存储和访问，通过5个基本组成部件完成指令控制和数据传递。该结构的计算机具有如下能力。

1.把需要的程序和数据送至计算机中。

2.具有长期记忆程序、数据、中间结果及最终运算结果的能力。

3.能够完成各种算术、逻辑运算和数据传送等数据加工处理的工作。

4.能够根据需要控制程序走向，并能根据指令控制机器各部件协调操作。

5.能够按照要求将处理结果输出给用户。

二、冯·诺依曼体系结构与哈佛体系结构的比较

与冯·诺依曼体系结构的计算机相比，哈佛体系结构计算机的程序和数据分别存在各自的存储器中，程序计数器只指向程序存储器而不指向数据存储器，虽然这样无法自己修改体系结构中的程序，但是程序和数据的数据宽度可以不同，效率较高，尤其是在进行数字信号处理时性能较高，如 ARM10 系列、摩托罗拉公司的 MC68 系列、Zilog 公司的 Z8 系列等。

三、冯·诺依曼体系结构的局限

冯·诺依曼体系结构以二进制作为计算机数据的表达方式，这可以显示该进制本身的优势，并且满足了物理元件的限制，但人脑神经元的构造远超过二进制逻辑的表达范围。另外，计算机依靠存储器的线性运算过程与人脑依靠记忆的非线性运算过程也有着本质区别，所以冯·诺依曼体系结构从某种程度也限制了计算机的发展，目前正在发展的量子计算机对逻辑的单一性有很好的突破。

第二节　微型计算机的组成结构与工作原理

微型计算机是一台进行数据计算的机器，同所有的大型器械一样，微型计算机由自己的硬件和软件组成，并且按照提前设定好的规则进行工作运转。下面分别介绍微型计算机的组成结构和工作原理。

一、微型计算机的组成结构

微型计算机由硬件和软件组成。硬件主要是主机和外设，而软件分为系统软件和应用软件。

二、微型计算机的工作原理

根据冯·诺依曼的构想，计算机的基本工作原理是程序的存贮和控制。

程序存储是指人们运用一定的方法将程序和程序运行过程中所需的数据输入并保存到计算机的存储器之中。

程序控制是指当计算机正常运行时，按照顺序自动逐个取出程序中的一条条指令，对指令进行分析并执行。

由程序存储和控制的定义可以看出，计算机运行过程包含两种流动的信息——数据流和控制信号。数据流的内容是指令和原始数据，这些数据以二进制形式编码，并且在程序运行之前就已经被放到了主存当中。当程序被执行时，数据参与运算被送到运算器，而指令被送到控制器。控制器根据指令的内容发出控制信号，计算机各部件接收到控制信号，根据控制信号做出相应的运算和操作，并控制执行流程的进行。

计算机之所以能进行各项操作，主要是因为它有一个非常重要的核心部件CPU（中央处理器）。CPU能够控制一组操作（程序）的正常执行。例如，在存储器中得到一个数据，或者完成数据的加减乘除，保存得出的结果等。每个动作对应一条指令，指令被CPU接收以后，就会去执行相应的动作。程序就是由一系列指令构成的，执行程序就是让CPU执行一系列指令，完成一系列动作，从而完成一件复杂的工作。将CPU的动作抽象以后，执行过程可以看作是CPU从存储器中取出它要执行的下一条指令，根据这条指令的要求，执行相应的动作，一直循环进行取指令、执行这两个动作，直到程序执行结束或者有指令要求CPU停止工作，当然也可能无休止地工作下去，也就是死机。

计算机另一个重要的中心部件是内部存储器。在计算机刚刚诞生的时候，存储器保存的内容仅仅是正在被处理的数据。CPU在执行指令的过程中，会到存储器里提取有关的数据，指令执行之后再把计算的结果保存到存储器中。冯·诺依曼提出，应该把程序也存放到存储器中，CPU按照要求从存储器中提取指令、执行指令，并且不断地循环执行以上两个动作。这样，计算机就能够完全摆脱外界对程序执行过程的影响，自动地运行。这种基本思想被称作"存储程序控制原理"。如果构造出来的计算机遵循这个原理，那么计算机就被称作"存储程序控制计算机"，也称作"冯·诺依曼计算机"。

1.指令和指令系统

指令是对计算机进行程序控制的最小单位，包括操作码和地址码。

操作码（Operation Code，OP）说明了操作的性质及功能，用于表示指令需要完成的操作。

地址码用于描述指令的操作对象、直接的操作数、操作数的存储器地址或寄存器地址。

计算机的指令系统是所有指令的集合。不同计算机的指令系统不同，从指令的角度讲，程序是为完成一项特定任务而编写的一组指令序列。

2.工作原理——执行程序

指令的执行步骤。

（1）取指令。

（2）分析指令。

（3）执行指令。

（4）程序计数器加1。

程序是若干指令的有序排列，计算机的工作便是执行程序，从第一条指令开始，逐条完成各条指令。首先是计算机从内存中读取指令，根据程序计数器 PC 中存放的将要执行指令的内存地址，从中读取相应指令，读取 1 字节后，PC 就自动加 1，指向下一字节，为机器的下次读取做好准备。其次是指令寄存器 IR 存放从存储器中读出的当前要执行指令的指令码。该指令码在 IR 中缓冲后被送到指令译码器 ID 中译码，译码后即得到该指令要进行的操作，这一步被称为分析指令。最后是执行指令，在时序部件和微操作控制部件的作用下控制相应部分进行操作完成指令的执行。

第三节　计算机硬件系统

一、中央处理器 CPU

中央处理器 CPU 是整个微型机的核心，用于对信息执行处理与控制，它有插卡式 Slot

和针脚式 Socket 两种。目前的主流产品有 Intel 公司的 Pentium（奔腾）系列和 AMD 公司的 Athlon（速龙）系列。

1.CPU 的组成及工作

CPU 主要由运算器和控制器构成，包括运算逻辑部件、寄存器部件和控制部件等。

运算逻辑部件可以执行定点或浮点算术运算操作、移位操作以及逻辑操作，也可执行地址运算和转换。

寄存器部件包括通用寄存器、专用寄存器和控制寄存器。通用寄存器用来保存指令中的寄存器操作数和操作结果，也可分定点数和浮点数两类，通用寄存器的宽度决定了计算机内部的数据通路宽度，其端口数目往往可影响内部操作的并行性。专用寄存器是为了执行一些特殊操作而用的寄存器。控制寄存器通常用来指示机器执行的状态，或者保持某些指针，有处理状态寄存器、地址转换目录的基地址寄存器、特权状态寄存器、条件码寄存器、处理异常事故寄存器以及检错寄存器等。

控制部件主要是控制器。控制器是指挥计算机的各个部件按照指令的要求协调工作的部件，是计算机的神经中枢和指挥中心，由指令寄存器 IR、程序计数器 PC 和操作控制 OCsange 部件组成。它主要负责对指令译码，并且发出为完成每条指令所要执行的各个操作的控制信号。控制器主要有两种控制方式：一种是以微存储为核心的微程序控制方式；另一种是以逻辑硬布线结构为主的控制方式。微存储中保持微码，每一个微码对应一个最基本的微操作，又称微指令。各条指令由不同序列的微码组成，这种微码序列构成微程序。中央处理器在对指令译码以后，发出一定时序的控制信号，按给定序列的顺序以微周期为节拍执行由这些微码确定的若干个微操作，即可完成某条指令的执行。简单指令由 3～5 个微操作组成的，复杂指令则要由几十个微操作甚至几百个微操作组成。逻辑硬布线控制器则完全是由随机逻辑组成的。指令译码后，控制器通过不同的逻辑门的组合，发出不同序列的控制时序信号，直接去执行一条指令中的各个操作。

有的中央处理器中还有缓存，用来暂时存放一些数据指令，缓存越大，说明 CPU 的运算速度越快，目前市场上的中高端中央处理器都有 2M 左右的二级缓存，高端中央处理器有 4M 左右的二级缓存。

2.CPU 主要性能指标

（1）字长：指计算机内部一次可以处理的二进制的位数，有 8 bit、16 bit、32 bit、64 bit 等。越来越多的微机采用 64 bit。

（2）运算速度：指单字长定点指令的平均执行速度，即计算机每秒所能执行的指令数，也称工作频率，通常以 MH（兆赫）和 GH（千兆赫）为单位，目前大多数的 CPU 的主频均为 GH 数量级。

（3）时钟频率：指 CPU 的外部时钟频率，它直接影响 CPU 与内存之间的数据交换速度，也是高速缓存（128 KB～2 MB）速度。

（4）内存容量：计算机的内存大小，通常以 MB 来衡量，1 KB=1024 B，1 MB=1024 KB。

二、总线

微机系统采用以总线为中心的标准结构，总线是连接各个功能部件的信息通道。根据总线上数据传送范围的不同，总线可分为 4 级：片内总线、片间总线、系统内总线、系统外总线。①片内总线在芯片内部连接各元件（运算器、控制器、寄存器等）；②片间总线连接主板上的各芯片；③系统内总线连接主板与扩展板；④系统外总线连接微机和外设。总线根据功能不同分为 3 类：数据总线 DB（Data Bus），宽度等于字长，即条数取决于 CPU 的字长，传送是双向的；地址总线 AB（Address Bus），条数决定计算机内存的大小，传送是单向的；控制总线 CB（Control Bus）。

总线的性能指标如下。

（1）总线的带宽：指单位时间内总线上可传输的数据量，单位为 B/s。

（2）总线的位宽：指总线能同时传送的数据位数，即数据总线（DB）的宽度。

（3）总线的工作频率：指总线的时钟频率，单位为 MHz。

$$总线带宽=总线的位宽/8×总线的工作频率$$

我们常用的总线标准有 ISA、EISA、VESA、PCI 总线，通常指的是（系统）内总线所遵循的标准。

三、内部存储器

计算机内存（Computer Memory）是一种利用半导体技术做成的电子设备，用来存储数据。电子电路的数据是以二进制的方式存储的，存储器的每一个存储单元称作记忆元。存储器的种类很多，按其用途可分为主存储器和辅助存储器，主存储器又称内存储器（简称内存）。程序和数据存储在计算机的存储器中，存储器容量的大小和存储器存取数据的快慢会直接影响计算机系统的性能。

主存储器（内存）分为随机存储器 RAM（运行时的程序和数据存储在其中，分为静态 SRAM 和动态 DRAM）、只读存储器 ROM、可编程只读存储器 PROM 和可改写只读存储器 EPROM。RAM 可读写，但断电后数据会丢失；ROM 不可写，但断电后数据不会丢失。

高速缓冲器（Cache）位于 CPU 与内存之间，是一个读写速度比内存更快的存储器。它分为一级缓存（L1 Cache）、二级缓存（L2 Cache）和三级缓存（L3 Cache）。

内存地址：是存储单元的一个编号，需要通过此编号进行数据的存取。

内存容量：指内存单元的总数，通常 1 字节为一个单元（B），内存容量实际上是指 RAM 的容量，通常以 MB 来衡量。

四、外部存储器

外部存储器是指除计算机内部存储器及高速缓冲存储器之外的存储器，这类存储器在断电后依然能保存原有数据，虽然数据交换率低，但是存储量大、可转移，更为可靠。常见的外部存储器有硬盘、软盘、光盘和 U 盘等。

硬盘是电脑的主要存储媒介之一。容量是硬盘最主要的参数。硬盘的容量以兆字节、千兆字节或百万兆字节为单位，除此之外，硬盘还有如下几个重要的评估参数。

（1）转速：转速是指硬盘盘片在一分钟内所能完成的最大转数。转速的快慢标示了硬盘的档次，也决定了硬盘的传输速率。硬盘的传输速率是指硬盘读写数据的速度。硬盘上有一块内存芯片，调节硬盘内部和外界接口之间的传输速率，是硬盘内部存储和外界接口之间的缓冲器。

（2）盘面号：盘面号又叫磁头号，磁盘的每一个盘片都有两个盘面，每一个有效盘面都有一个对应的读写磁头。磁盘的盘片组在 2～14 片不等，通常有 2～3 个盘片，故盘面号（磁头号）为 0～3 或 0～5。磁盘在格式化时被划分成许多同心圆，这些同心圆轨迹叫作磁道。所有盘面上的同一个磁道构成一个圆柱，通常叫作柱面。系统以扇区形式将信息存储在硬盘上。

五、主板

主板是计算机中传输电子信号的部件。计算机的功能、兼容性都取决于主板的设计。目前市面上主要的主板产品是 ATX 主板。北桥芯片决定主板性能的高低；南桥芯片决定主板功能的多少；BIOS 芯片决定主板兼容性的好坏。生产芯片组的厂商有 Intel、AMD、VIA、SIS 等。

六、输入设备

输入设备是向计算机输入信息的设备，是计算机与用户或者他设备通信的桥梁。通过鼠标、键盘、摄像头、扫描仪、光笔、手写输入板、游戏杆、语音输入装置等输入设备，输入数字、文字符号、图形图像、语音等各种类型的数据信息到计算机中，并转换成相应的数据编码。

七、输出设备

输出设备和输入设备一样，都是人与机器交互的主要装置。将计算机处理的结果进行转换，以用户需要的形式展现给用户，常用的输出设备有显示器、打印机、绘图仪、磁盘等。

第四节　计算机软件系统

软件是计算机的运行程序和相应文档。计算机的软件系统将计算机的硬件系统有序地组织起来，协调完成各种功能，是人与硬件系统之间的接口。具体来讲，计算机软件系统由系统软件和应用软件组成。

一、系统软件

系统软件是指控制和管理计算机系统运行及计算机资源的软件系统，是位于硬件层之上的第一层软件系统，包括操作系统、网络服务程序、数据库系统、诊断程序、编译程序等。系统软件都是由程序设计语言形成的。

操作系统（Operating System，OS）是管理和控制计算机硬件与软件资源的计算机程序，是直接运行在"裸机"上的最基本的系统软件，任何其他软件都必须在操作系统的支持下才能运行。操作系统是用户和计算机的接口，同时是计算机硬件和其他软件的接口。

网络服务（Web Services），是指一些在网络上运行的、面向服务的、基于分布式程序的软件模块。网络服务采用 HTTP 和 XML 等互联网通用标准，使人们可以在不同的地方通过不同的终端设备访问 Web 上的数据，如网上订票、查看订座情况等。

数据库系统 DBS（Data Base System，DBS）通常由软件、数据库和数据管理员组成。其软件主要包括操作系统、各种宿主语言、实用程序以及数据库管理系统。数据库由数据库管理系统统一管理，数据的插入、修改和检索均要通过数据库管理系统来进行。数据库管理员负责创建、监控和维护整个数据库，使数据能被任何有权使用的人有效使用。数据库管理员一般由业务水平较高、资历较深的人员担任。

1.程序设计语言的发展分为以下 3 个阶段。

（1）机器语言是最早的一种编程工具，以二进制的指令码进行编程，执行程序效率高，机器容易接受，但编程复杂，极易出错，可移植性差，现在已不采用。

（2）汇编语言也是面向机器的程序设计语言，用助记符代替操作码，用地址符号或标号（Label）代替地址码，机器语言就变成了汇编语言，也可看成二进制指令的简单符号化。与机器语言相比，汇编语言同样易于被接受，执行效率也较高，但编程仍然复杂，较易出错，目前主要用于计算机控制方面的编程。

（3）高级语言远离对硬件的直接操作，其语法和结构更类似普通英文，较易学习，编程容易，程序设计能力较强、可移植性好，目前正被广泛应用，如 BASIC、Fortran、C、FoxPro、VB、VC、VF、Java 语言等。

2.程序可分为以下 3 类。

（1）源程序：由高级语言或汇编语言编写的程序。

（2）目标程序：由源程序翻译成的机器语言程序。

（3）可执行程序：由机器语言组成的程序。

3.语言处理程序包括以下 3 类。

（1）汇编程序：将汇编语言源程序翻译成目标语言程序。

（2）编译程序：将源程序一次性翻译成目标语言程序，如 Fortran、Pascal、C。

（3）解释程序：对源程序逐条解释，解释一条，执行一条，直至执行完整个程序。无目标程序生成，如 BASIC 程序。

二、应用软件

应用软件是为满足处在不同领域的用户的实际应用需求而提供的软件。它拓宽了计算机系统的应用领域，放大了硬件的功能。应用软件是用户可以使用的各种程序设计语言，以及用各种程序设计语言编制的应用程序的集合，分为用户程序和应用软件包。用户程序指为完成某项或多项特定工作的计算机程序。用户程序运行在用户模式，可以和用户进行交互，具有可视的用户界面。应用软件包是利用计算机解决某类问题而设计的程序的集合。应用软件包供多用户使用，与特定的应用领域有关，可分为通用包及专用包两类。通用软件包是根据社会的一些共同需求而开发的，专用软件包则是生产者根据用户的具体需求而定制的，可以为满足其特殊需要而进行修改或变更。

应用软件与我们的日常生活密切相关，如以下几类。

办公自动化软件：办公自动化软件是将办公和计算机网络功能结合起来从而产生的信息化产物，它方便高效，如我们经常所用的 Office、Lotus、WPS 等。

多媒体软件：多媒体软件是把文本、图形、图像、动画和声音等形式的信息结合在一起，并通过计算机对其进行综合处理和控制，支持完成一系列交互操作，完成用户对多媒体的需求，如 Photoshop、Flash、Cool Edit 等。

辅助设计软件也属于应用软件，是为辅助设计而开发的软件，如 AutoCAD、Visio、Protel

等。企业应用软件也是应用软件，是指在除系统软件外的全部应用软件上都能够运行的专门为企业开发的应用软件，是为满足企业的应用需求而开发的软件，如财务管理软件、企业管理软件、工程管理软件等。

网络应用软件是指能够为网络用户提供各种服务的软件，如 IE、QQ、FlashGet 等。

此外，还有安全防护软件，如杀毒软件、防火墙软件、漏洞补丁等；系统工具软件，如数据恢复软件、优化软件、磁盘工具等；娱乐休闲软件，如游戏、电子杂志、图片、音频、视频等。

第三章　数据通信技术

第一节　数据通信的概念

一、数据通信

要理解什么是数据通信，首先我们要了解一些术语。

信息（Information）：信息在不同的领域有各种不同的定义，一般认为信息是人们对现实世界事物存在方式或运动状态的某种认识。

消息（Message）：通俗地说，消息就是新鲜事儿，通信的目的就是传送消息，人类感知和交流信息的语言、文字、图像、音频、视频等都是消息。

数据（Data）：在计算机网络通信中，数据就是表示消息的实体，通常是有意义的符号序列，如计算机产生或处理的二进制比特组合。

信号（Signal）：在计算机网络通信中，信号是表示计算机数据的物理量。常用的物理信号有电信号、光信号、无线电信号等。

数据通信是指依照一定的通信协议，在两点或多点之间通过某种物理传输媒体和信号以二进制数据单元形式（数据分组）交流信息的过程。很多资料中把数据通信等同于计算机网络通信，简称数通。

二、数字通信

数字通信和数据通信的概念容易混淆。要理解什么是数字通信（Digital Telecommunications），首先要理解什么是数字技术（Digital Technology）。

数字技术是指借助一定的设备，将各种信息转化为计算机能识别的二进制数字"0"和"1"后进行运算处理、存储、传输、还原的技术。由于在运算、存储、传输等环节中需要借助计算机对信息进行编码、压缩、解码等，因此也称为数码技术、计算机数字技术等。

数字技术属于信息技术。

随着信息技术的出现和发展，二进制"0"和"1"这两个离散的"数字"代号成为信息技术的基础。"数字"成为信息技术的特征，"数字"信息技术最集中的体现就是"数字"计算机技术。围绕二进制和计算机技术，我们一般都冠以"数字"两个字。现代通信引入信息技术后，通信技术就逐渐进入数字通信时代。数字通信就是指用二进制"0"和"1"作为载体来传输消息的通信方式。数字通信相较于传统通信，有抗干扰能力强、差错可控、易加密等明显的优点。

数据通信属于数字通信，数字通信着重于"信号"，而数据通信的概念处于数字通信之上，数据通信着重于"数据分组"和"通信网络"。

三、模拟信号和数字信号

通信系统中，根据代表消息的参数的取值方式的不同，可将信号可分为以下两大类。

（1）模拟信号：代表消息参数的取值是连续的。

（2）数字信号：代表消息参数的取值是离散的。

注意，简单地根据信号的这个分类将通信分为模拟通信和数字通信是不准确的，不能将数字信号通信等同于数字通信。现在已经没有纯粹的模拟通信系统，我们现在讨论的通信系统，如无特殊说明，一般都是指数字通信系统，所以数字通信和模拟通信这个分类意义不大。

没有模拟通信系统，不代表没有模拟信号，模拟信号是一个具体的物理存在，我们现在的数字通信系统中还在大量使用模拟信号。例如，常见的固定电话与电话局端设备之间的电话线上传送的电信号，手机和基站之间传送的电磁波信号就属于模拟信号。计算机系统内 CPU 和内存之间交流的电信号，以及计算机局域网网线上传送的电信号等，都属于数字信号。以上的简单举例只是为便于理解，关于信号的模拟、数字之分还需要站在整个系统上才能准确理解，读者可深入学习数字通信系统原理。

四、数据通信系统性能指标

1.比特（Bit）

比特是信息量的度量单位，为信息量的最小单位。也读作位，经常用"b"表示。二进制数系统中，每个"0"或"1"就是一个比特。如二进制数 0100 就是 4 比特，即 4 bit。

2.字节（Byte）

字节也是信息技术用于计量二进制量常用的一种单位，通常情况下一个字节等于 8 bit。常用"B"表示。例如 01001101 就是一个字节，即 1 B。

3.数量级

因为比特和字节在目前的信息技术中是很微小的一个单位，我们在日常的工作生活中接触到的信息量都是成千上万比特或者字节，所以使用时常常在比特和字节前加上一些简写数量级。

4.比特率

比特率也叫数据传输速率或信息速率，是指一个数据通信系统每秒传输二进制信息的位数，单位为比特/秒，记作 b/s。因为在数据通信系统中，每秒动辄传输成千上万比特，所以比特率的单位常用 kb/s、Mb/s 和 Gb/s 等。

5.误码率

误码率是衡量数据通信系统在正常工作情况下的传输可靠性的指标，表示二进制数据传输时出错的概率。由于数据信息都是用离散的二进制信号序列来表示，因此在传输过程中无论它经历了何种变换，产生了什么样的失真，只要信号到达接收端后，接收端能正确地恢复数据源发出的二进制数字信号序列，就达到了传输的目的。但如果有的二进制位或数由于失真而得不到恢复就产生了差错，它将影响数据传输的质量。在计算机网络中，一般要求误码率低于 10^{-6}，误码率公式为

$$P_e=（N_e/N）\times100\% \tag{3-1}$$

式中，N_e 为其中出错的位数，N 为传输的数据总位数。

第二节 数据通信系统

一、数据通信系统的模型

有效而可靠地传递信息是所有通信系统的基本任务。实际应用中存在各种类型的通信系统，它们在具体的功能和结构上各不相同。点与点之间建立的通信系统是通信的最基本形式。这一模型包括信源、变换器、反变换器、信宿、信道和噪声 6 个部分。

（1）信源是指发出信息的信息源，一般是指发送信息的计算机。

（2）变换器的功能是把信源发出的信息变换成适合在信道上传输的信号。在现代通信系统中，为满足不同的需求，需要进行不同的变换和处理，如调制、数/模转换、加密、纠错等。

（3）反变换器的功能是变换器的逆变换。由于变换器要把不同形式的信息变换成适合在信道传输的信号，通常这种信号不能为信息接收者直接接收，需要用反变换器从信道上接收的信号变换为接收者可以接收的信息。

（4）信宿是信息传输的终点，一般是指接收和处理信息的计算机。

（5）信道是信号传输媒介的总称，是信源和信宿之间的通信线路。不同的信源形式对应的变换处理方式不同，与之对应的信道形式也不同。

（6）噪声简单来说就是对有用信号的干扰，在实际的通信系统中是不可消除的客观存在，是通信模型中不可缺少的一个环节。干扰噪声可能在信源处就混入了，也可能从构成变换器的电子设备中引入。传输信道中的电磁感应，以及接收端的各种设备也都可能引入干扰。

二、信源和信宿

信源是指发出信息的信息源，一般是指发送信息的计算机。信息可以是一串数字，也可以是文字、图形、图像、声音、视频等。为传输这些信息，在数字通信系统中，首先需要在信源处将它们变为"0""1"二进制编码，我们称之为信源编码。

信宿是传输信息的归宿，是相对信源来说的，其作用是将从信道接收到的信号转换成相应的消息。

在信源处，将原始信息转换为二进制代码。在信宿处，再进行反变换，将二进制编码转换为原来的信息，完成这个转换功能的设备叫编码解码器（Codec）。信源处的信息一般称为信源数据，数据是信息的具体表现形式。信源数据也分为连续的模拟信源数据和离散的（数字）信源数据。例如，语音电话通信中的原始语音属于模拟类信源数据，而我们的文字代码属于离散类的信源数据（为避免和二进制数字数据混淆，这里用离散）。简单地说，无论是何种信源数据在传输之前都要先转换为二进制数据。关于原始信息的二进制编码，可深入学习信息编码技术原理。我们重点学习数字通信系统中的相关编码技术。

数字通信最早应用在语音电话通信网中，在此之前的语音电话通信是纯粹的模拟通信系统，贝尔发明的电话机实现了模拟的声音信号和模拟的电波信号的相互转换（在话筒处声电转换），转换后的电信号通过金属电话线缆传递到听筒（在听筒处电声转换），声音实现了远距离快捷的传播。信息技术将数字通信带入语音电话通信系统中，就是在电话机和电话线之间加了编码/解码器，话筒处的连续模拟信号经过编码转换为离散数字信号（二进制代码），也称为ADC；听筒处将收到的离散数字信号解码为接近真实的连续模拟信号，也称为DAC。这个技术就是对现代通信网影响深远的脉冲编码调制（Pulse Code Modulation，PCM）技术。

这里就以PCM编码为例简单介绍模拟类数据的一种数字传输过程。

模拟语音信号变为PCM信号要经过抽样（又称采样或取样）、量化和编码3个过程。

1.抽样

PCM编码以抽样定理为基础，即如果在规定的时间间隔内，以有效信号最高频率的两倍或两倍以上的速率对该信号进行采样，则这些采样值中就包含了无混叠而又便于分离的全部原始信号的信息，利用低通滤波器可以不失真地从这些采样值中重新构造出原始信号。抽样定理表示公式为

$$F_s=1/T_s \geq 2F_{max} \qquad (3-2)$$

式（3-2）中，F_s 为抽样频率，T_s 为抽样周期，F_{max} 为原始有限带宽模拟信号的最高频率。

例如，电话中的话音信号的最高频率一般取 3400 Hz，故抽样频率在 6800 次/s 以上才有意义。早期规定以 8000 Hz 的采样频率对话音信号进行采样，即抽样周期为 1/8000 s=125 μs，则在样值中包含了话音信号的完整特征，由此还原出的话音是完全可理解和被识别的。话音信号抽样后信号所占用的时间被压缩了，这是后面要讲到的时分复用技术的必要条件。

PCM 抽样方法是每隔一定的时间间隔 T，在抽样器上接入一个抽样脉冲，取出话音信号的瞬时电压值（抽样值），抽样频率越高，抽样值恢复原始信号的精度越高。

2.量化

抽样后的信号，其幅度的取值仍是无限多个。将抽样所得到的信号幅度按 ADC 的量级分级取有限的量化值。量化可以采取四舍五入的方法，使每一个抽样后的幅值用一个临近的整数值来近似。

3.编码

编码就是把量化后抽样点的幅值分别用代码表示，经过编码后的信号，就已经是 PCM 信号了。假设量化分 8 个等级，就需要用 3 位二进制码表示。二进制代码的位数代表了采样值的量化精度。实际语音电话应用中，通常用 8 位二进制码来表示一个样值。这样，对话音信号进行 PCM 编码后所要求的数据传输速率为

$$8 \text{ bit} \times 8000 \text{ Hz} = 64000 \text{ b/s} = 64 \text{ kb/s}$$

PCM 技术推动了数字通信的发展，并随着固定电话通信网的发展迅速普及，相关标准也成为现代通信网技术甚至信息技术的基础。PCM 编码不仅可用于数字化语音数据，还可以用于数字化视频、图像等模拟数据。例如，彩色电视信号的带宽为 4.6 MHz，采样频率为 9.2 Hz，如果采用 10 位二进制编码来表示每个采样值，则可以满足图像质量的要求。这样，对电视图像信号进行 PCM 编码后所达到的数据速率为 92 Mb/s。

三、信道

1.信道

信道是通信双方以传输介质为基础传递信号的通路，由传输介质及其两端的信道设备共同组成。任何信道都具有有限带宽，所以从抽象的角度看，信道实质上是指定的一段频带，它允许信号通过，但又给信号限制和损害。

为使信号的波形特征能与所用的信道传输特性相匹配，以达到最有效、最可靠的传输效果，需要对信号进行变换，这称之为信道编码。来自信源的信号常称为基带信号，计算机输出的代表各种信息的数据信号都属于基带信号。基带信号往往包含较多的低频成分，甚至有直流成分，而许多信道并不能传输这种低频分量或直流分量，为解决这个问题，就必须进行合适的信道编码。

数字通信系统的信道编码分为两类，一类是对基带信号波形进行变化，使之能与信道特性相适应，变换后的信号是另一种形式的数字信号，一般称这个过程为编码。另一类是通过载波调制，将基带信号的频率范围搬移到较高的频段，并转换为模拟信号，使之能更好地在模拟信道中传输，一般称这个过程为调制。

2.信号速率

信号速率是指在信道上传输信号的波形速率（又称"码元速率""波特率"或"调制速率"），反映单位时间内通过信道传输的码元数，单位为波特，记作 Baud。在传输中，往往用一种信号波形来代表一个码元，波形的持续时间与它所代表的码元的时间长度一一对应。显然，一个波形的持续时间越短，在单位时间内传输的波形数就越多，信号速率越高，数据的传输速度也越高。波特率 B 可按以下公式计算

$$B=f=1/T \quad （Baud）\tag{3-3}$$

式（3-3）中，f 为码元频率，单位为赫兹（Hz），T 为一个码元信号的宽度或重复周期，单位为秒（s）。

需要注意比特率和波特率是在两种不同概念上定义的速度单位，两者容易混淆，尤其是在采用二元波形时，比特率和波特率在数值上是相等的，但它们所代表的意义却不同，

要反映真实的数据传输速度，必须使用比特率。

一个波形所携带的信息量等效于该波形所代表的二进制码元数，比特率 S 可按下式计算

$$S=1/T \log_2 N \tag{3-4}$$

式（3-4）中，T 为一个码元信号的宽度或重复周期，单位为秒（s）；N 为信号波形的有效状态数，是 2 的整数倍。如信号波形有两种有效状态，就可以分别代表为"0"和"1"，故 N=2；如果信号波形有 4 种有效状态，就可以分别代表"00""01""10"和"11"，故 N=4。

通常 N=2K，K 为一个波形表示的二进制信息位数，K=log₂N，当 N=2 时，S=1/T，表示数据传输速率等于信号速率。

3.信道带宽

在数据传输中，人们还经常提到信道的带宽。带宽有两种解释，第一种解释是指信道中能够传送信号的最大频率范围，也叫信道物理带宽，单位是赫兹（Hz）。

在实际的数据通信中，没有任何信道能毫无损耗地通过信号的所有频率分量，这是由于支持信道的物理实体（传输介质）都存在固有的传输特性，即对信号的不同频率分量存在不同程度的衰减。也就是说，信道也具有一定的振幅频率特性，因而导致传输信号发生畸变。如果信号的带宽小于信道的带宽，则输入信号的全部频率分量都能通过信道，由此得到的输出信号将不会失真。如果信号的带宽大于信道的带宽，则输入信号的部分频率分量将不能通过信道，从而造成输出的信号发生畸变或失真。为保证数据传输的正确性，在确定的信道带宽下，必须限制信号的带宽。由此可见，信道的带宽不仅影响信号传输的质量，而且限定了信号的传输速率。即使对理想信道，有限的带宽也限制了数据的传输速率。

第二种解释是指一个信道的最大数据传输速率，也叫信道容量，单位是比特/秒（b/s）。带宽是一种理想状态（不受任何干扰，没有任何衰减）下的信道数据传输速率，是信道传输数据能力的极限，而之前介绍的数据传输速率一般是指实际的数据传输速率。"数据传输速率"永远小于"带宽"。

（1）奈奎斯特准则

数字基带信号的频带非常宽，但其能量主要集中在低频段。数据通信中的一些电缆信道为低通信道，即允许低频率成分通过，而高频成分被滤掉，这就造成了信号的失真。失真信号的波形底部变宽，使得一个码元的波形展宽到其他码元的位置，造成了码间干扰。

1924 年，美国物理学家奈奎斯特（Nyquist）就认识到了这些限制的存在，并推导出无噪声低通信道的实际最高码元传输速率，即无码间干扰的最高波特率。

奈奎斯特无噪声下的码元速率极限值 B 与信道带宽 H 的关系为

$$B=2H \quad (Baud) \tag{3-5}$$

离散无噪声低通信道的容量计算公式为

$$C=2H \log_2 N \quad (b/s) \tag{3-6}$$

在式（3-5）和式（3-6）中，H 为信道的带宽，即信道传输上、下限频率的差值，单位为赫兹（Hz）；N 为一个码元所取得离散值个数，C 为信道容量。

例如，一个无噪声低通信道带宽为 2000 Hz 时，其最高码元传输速率就为 4000 Baud。一路数字语音电话速率为 64 kb/s（假设采用二元码型，波特率等于比特率，为 64 kBaud），其无码间干扰的物理信道带宽为 32 kHz。

（2）香农公式

1948 年，香农（Shannon）把奈奎斯特的定理进一步扩展到信道受到随机噪声干扰的情况，即香农定理。香农的结论是根据信息论推导出来的，适用范围非常广。但是，它仅仅给出了一个理论极限，在实际应用中，要接近这个极限是相当困难的。带随机热噪声的模拟信道容量公式（香农公式）为

$$C=H\log_2 (1+S/N) \quad (b/s) \tag{3-7}$$

式中，H 为带宽，S 为信号功率，N 为噪声功率，S/N 为信噪比，通常把信噪比表示成 $10\lg (S/N)$，单位为分贝（dB）。

第三节　信号编码和数据传输

信号编码又叫信道编码，目的是使信号的波形特征能与所用的信道传输特性相匹配，以达到最有效、最可靠的传输效果。

信道中传输的信号有基带信号和频带信号之分，数字信号一定是基带信号，而模拟信号一定是频带信号。数字数据在计算机系统内采用数字基带信号编码。数据通信系统的信源一般为计算机，所以来自信源的信号为基带信号。为了使信源处的基带信号适应信道的特性，须对基带信号进行调制或编码。通信系统中变换器的目的是将原始的电信号变换成其频带适合信道传输的信号，反变换器在接收端将收到的信号还原成原始的电信号。

一、基带信号的调制和编码

1.基带信号调制

传统的远距离通信线路大多为频带传输路线（如载波电话线路），不能直接传输基带信号，所以必须采用模拟信号传输。模拟信号传输的基础是载波，载波的三大要素是幅度、频率和相位，它是一个频率恒定的连续正弦波信号。

所谓频带传输，就是把二进制信号进行调制变换，成为能在公共电话网中传输的模拟信号，将模拟信号在传输介质中传送到接收端后，再由调制解调器将该音频信号解调变换成原来的二进制电信号。这种将数据信号经过调制再传送，到接收端又经过解调还原成原来信号的传输，称为频带传输。频带传输不仅克服了目前许多长途电话线路不能直接传输基带信号的缺点，而且能实现多路复用，从而提高了通信线路的利用率。

根据调制所控制的载波参数的不同，主要分为 3 种调制方式，分别是幅移键控法（ASK）、频移键控法（FSK）和相位键控法（PSK）。

ASK：频率和相位不变，幅值受数字信号控制。在 ASK 方式下，用载波的两种不同幅度来表示二进制的两种状态，该方法是一种低效的调制方法。

FSK：幅值和相位不变，频率受数字信号控制。在 FSK 方式下，用载波频率附近的两种不同频率来表示二进制的两种状态，可实现全双工操作。

PSK：幅值和频率不变，相位受数字信号控制，用载波信号的相位移动来表示数据。PSK 可使用二相或多于二相的相移，可对传输速率起到加倍的作用。由 PSK 和 ASK 结合的相位幅度调制为 PAM，是解决相移数已达到上限但还需要提高传输速率的有效方法。

2.基带信号编码

所谓基带传输，是指不经频谱搬移，数字数据以原来的"0"或"1"的形式原封不动地在信道上传送。基带是指电信号所固有的基本频带，在基带传输中，传输信号的带宽一般较高，普通的电话通信线路满足不了这个要求，需要根据传输信号的特性选择专用的传输线路。

基带传输方式简单，近距离通信的局域网一般都采用基带传输。对于传输信号最常用的表示方法是用不同的电压电平来表示两个二进制数，即用数字信号编码（如矩形脉冲编码）来表示。

单极性不归零码只用一个极性的电脉冲，有电压脉冲表示"1"，无电压脉冲表示"0"，并且在表示一个码元时，电压均无须回到零。所以称为不归零码（NRZ）。该编码是一种全宽码，即一个码元占一个单位脉冲的宽度。

双极性不归零码采用两极性的电压脉冲，一种极性电压脉冲表示"1"，另一种极性的电压脉冲表示"0"。

单极性归零码也只能用一个极性的电压脉冲，但"1"码持续时间短于一个码元的宽度，即发出一个窄脉冲；无电压脉冲表示"0"。

双极性归零码采用两种极性的电压脉冲，"1"码发正的窄脉冲，"0"码发负的窄脉冲。

采用不同的编码方案各有利弊，如归零码的脉冲较窄，在信道上占用的频带较宽；单极性码会积累直流分量；双极性码的直流分量少。

近年来，随着网络技术的高速发展，NRZ 编码受到人们的广泛关注，并成为主流编码技术，在一些高速网络中都采用 NRZ 编码，其原因是在高速网络中要尽量降低信号的传输带宽，有利于提高数据传输的可靠性，降低对传输介质的带宽要求。而 NRZ 编码中的码元速率始终一致，具有很高的编码效率，符合高速网络对信号编码的要求。

至于出现连续"0"或"1"时所产生的直流分量积累问题，是通过加一级预编码器来解决的，即 NRZ 并非单独应用，而是采用两级编码方案。第一级用 4B/5B 或 5B/6B 等预编码对数据流进行编码，编码后的数据流不会出现连"0"或连"1"，然后再进行第二级的 NRZ 编码，实现物理信号的传输。通过这种两级编码方案，可实现编码效率达到 80%以上。

二、多路复用技术

在通信系统中，通常信道所能提供的带宽往往比传输一路信息所需要的带宽要宽得多，因此，一个信道只传送一路信号有时是很浪费的。为充分利用信道的带宽，提出了复用的问题。多路复用技术是将传输信道在频率域或时间域上进行分割，形成若干个独立的子信道，每一个子信道单独传输一路数据信号。从电信角度看，相当于多路数据被复合在一起共同使用一条共享信道进行传输，所以称为复用。复用技术包括复合、传输和分离 3 个过程，由于复合和分离是互逆过程，通常把复合与分离装置放在一起，做成所谓的复用器，多路信号在复合器之间的一条复用线上传输。

常用的信号复用方法可以按时间、空间、频率或波长等来区分不同的信号，主要有 4 种形式：频分多路复用、时分多路复用、波分复用和码分多路复用。

1.频分多路复用

FDM 是一种模拟复用方案，输入 FDM 系统的信息是模拟的且在整个传输过程中保持为模拟信号。在物理信道的可用带宽超过单个原始信号所需带宽的情况下，可将该物理信道的总带宽分割成若干个与传输单个信号带宽相同（或略宽）的子信道，每个子信道传输一路信号。

多路原始信号在频分复用前，先要通过频谱搬移技术将各路信号的频谱搬移到物理信道的不同频段上，使各信号的带宽互不重叠，然后用不同的频率调制每一个信号，每一个信号需要一个以它的载波频率为中心的一定带宽的通道。为防止互相干扰，使用保护带来隔离每一个通道。

FDM 技术成功应用的例子是长途电话通信中的载波通信系统，但目前该系统已逐步由

SDH 光纤通信系统所代替，此外，FDM 技术也可用于 AM 广播电台和计算机网络中。

2.时分多路复用

由抽样理论可知，抽样是将时间上连续的信号变成离散信号，其在信道上占用的时间的有限性为多路信号在同一信道上传输提供了条件。若信道能达到的位传输速率超过传输数据所需的数据传输速率，就可采用时分多路复用技术，即将一条物理信道按时间分成若干个时间片轮流地分配给多个信号使用。

时分多路复用分可为同步时分多路复用和异步时分多路复用。同步时分多路复用是指分配给每个终端数据源的时间片是固定的，不管该终端是否有数据发送，属于该终端的时间片都不能被其他终端占用。异步时分多路复用也像同步时分多路复用一样，通过时间来共享物理链路，一个数据流先被传送到物理链路上，然后再传送另一个数据流，以此类推。不同的是它允许动态地分配时间片，如果某个终端不发送信息，则其他的终端可以占用该时间片。

3.波分多路复用

光波的频率远高于无线电频率，每一个光源发出的光波由许多频率组成。光纤通信的发送机和接收机被设计成发送和接收某一特定波长的光波。波分复用技术将不同的光发送机发出的信号以不同的波长沿光纤传输，且不同波长的光波之间不会相互干扰，每个波长的光波在传输线路上都是一条光通道。光通道越多，在同一根光纤上传送的信息就越多。

由于波长与频率相关，因而 WDM 与 FDM 技术非常相似。FDM 主要应用于电通信系统，而 WDM 主要应用于光波通信系统传输光信号，并按照光的波长区分信号。每个波长的光波可以承载模拟信号或数字信号，该信号往往是已被 FDM 或 TDM 复用后的信号。

最初只能在一根光纤上复用两路光波信号，随着技术的发展，在一根光纤上复用的光波信号越来越多，现在已经做到在一根光纤上复用 80 路或更多的光载波信号，这种复用技术称为密集波分复用（Dense Wavelength Division Multiplexing，DWDM）。DWDM 技术已成为通信网络带宽高速成长的最佳解决方案，光纤技术的发展与 DWDM 技术的应用与发展密切相关，自 20 世纪 90 年代中期以来发展极为迅速，32 Gb/s 的 DWDM 系统已经大规模商用。

4.码分多路复用

码分多路复用也是一种共享信道的技术，它对不同用户传输信息所用的信号不是靠频率不同或时隙不同来区分，而是用不同的编码序列来区分，或者说，是靠信号的不同波形来区分的。每个用户可在同一时间使用同样的频带进行通信，但使用的是基于码型的分割信道的方法，及给每个用户分配一个地址码，且每个码形互不重叠，通信各方之间不会互相干扰。

第四节　差错控制

一、差错的产生

数字通信系统的基本任务是高效率而无差错地传送数据，与其他的通信相比，数据信息对差错控制的要求较高，但在任何一种通信线路上都不可避免地存在一定程度的噪声，这将会使接收端的二进制位和发送端实际发送的二进制位不一致，造成信号传输差错。例如，线路本身电器造成的随机噪声、信号幅度的衰减、频率和相位的畸变、相邻线路间的串扰，以及各种外界因素（如大气中的闪电、开关的跳火、外界强电流磁场的变化、电源的波动等）都会造成信号的失真。

二、差错的控制

为减少传输差错，通常采用两种基本的方法：改善线路质量、差错检测与纠正。

改善线路质量，使线路本身具有较强的抗干扰能力，是减少差错的最根本途径。例如，现在正越来越多地使用光纤传输系统，其误码率已低于 10^{-9}，这就从根本上提高了信道的传输质量。

差错的检测与纠正也称为差错控制，要实现差错控制，就必须具备两种能力：一是具备发现差错的能力，即检错；二是具备纠正错误的能力，即纠错。

在数据通信过程中能发现和纠正差错，是一种主动式的防范措施。它的基本思想是，数据信息位在向信道发送之前，先按照某种关系附加上一定的冗余位，对所传输的数据进行抗干扰编码后再发送，并以此来检测和校正传输中是否发生错误，这就是所谓的信道编码技术，这个过程称为差错控制编码过程。接收端收到该码字后，检查信息位和冗余位之间的关系，以检查传输过程中是否有差错发生，这个过程称为校验过程。

检错通常通过对差错编码进行校验来实现。

纠错一般采用自动重发请求（ARQ）的方法来实现，即接收端根据检错码对某一个数据帧进行错误检测，若发现错误，就返回请求重发该帧的响应（不用返回全部的帧），发送端收到请求重发的响应后，便重新传送该数据帧。另外，还有一些编码本身具有自动纠正错误的能力，称为"纠错码"（error correcting code）。

三、常见的差错控制编码方法

1.奇偶校验码

奇偶校验码（PCC）是奇校验码和偶校验码的统称，是一种有效检测单个错误的检错方法。它的基本校验思想是在原信息代码的最后添加一位用于奇校验或偶校验的代码，这样最终的帧代码是由 $n-1$ 位信元码和 1 位校验码组成。加上校验码的目的就是要让传输的帧中"1"的个数固定为奇数（采用奇校验时）或偶数（采用偶校验时），然后通过接收端对接收到的帧中"1"的个数的实际计算结果与所选定的校验方式进行比较，就可以判断对应帧数据在传输过程中是否出错了。如果是奇校验码，在附加上一个校验码以后，码长为 n 的码中"1"的个数为奇数；如果是偶校验码，则在附加上一个校验码以后，码长为 n 的码中"1"的个数为偶数（0 个"1"也看成是偶数个"1"）。奇偶校验方法可以通过电路来实现，也可以通过软件来实现。

假设现在要传输一个 ASCII 字符，它的高 7 位代码为 1011010，现在要采用奇校验方法，则该字符的校验码为"1"，放在最后一位，整个 ASCII 字符代码就是 1011010 1，因为该字符中高 7 位信息代码中的"1"的个数是偶数个（4 个），必须再加一个"1"才能为奇数；同理，如果采用偶校验方法，则该字符的校验码为"0"，整个 ASCII 字符代码就是 1011010 0，因为该字符中高 7 位信息代码中的"1"的个数已是偶数个（4 个），所以最后一位中不能再是"1"，只能为"0"。

奇偶校验方法只可以用来检查单个码元错误，检错能力较差，所以一般只用于本身误码率较低的环境，如用于以太局域网中、用于磁盘的数据存储中等。

2.循环冗余校验码

循环冗余码校验（Cyclic Redundancy Check，CRC）是目前在数据通信和计算机网络中应用最广泛的一种校验编码方法，CRC 的漏检率要比前述奇偶校验码低得多。

CRC 校验原理看起来比较复杂、难懂，因为大多数书中基本上都是以二进制的多项式形式来说明。其实其原理很简单，根本思想就是先在要发送的帧后面附加一个数（这个数就是用来校验的校验码，但要注意，这里的数也是二进制序列的，下同），生成一个新帧发送给接收端。当然，这个附加的数不是随意的，它要使所生成的新帧能被与发送端和接收端共同选定的某个特定数整除（注意，这里不是直接采用二进制除法，而是采用一种称为"模 2 除法"的方法，即没有借位进位）。到达接收端后，再把接收到的新帧除以（同样采用"模 2 除法"）这个选定的除数。因为在发送端发送数据帧之前就已附加了一个数，做了去余处理（也就已经能整除了），所得结果应该没有余数。如果有余数，则表明该帧在传输过程中出现了差错。

具体来说，CRC 校验的实现分为以下几个步骤。

（1）先选择（可以随机选择，也可以按标准选择，具体在后面介绍）一个用于在接收端进行校验时，对接收的帧进行除法运算的除数（二进制比特串，通常是以多项方式表示，所以 CRC 又称多项式编码方法，这个多项式又称生成多项式）。

（2）根据所选定的除数二进制位数（假设为 k 位），在要发送的数据帧（假设为 m 位）后面加上 $k-1$ 位"0"，接着以这个加了 $k-1$ 个"0"的新帧（一共是 $m+k-1$ 位）以"模 2 除法"方式除以上面这个除数，所得到的余数（也是二进制的比特串）就是该帧的 CRC 校验码，又称 FCS（帧校验序列）。但要注意的是，余数的位数比除数位数只能少一位，哪怕前面位是 0，甚至全为 0（正好整除时）也都不能省略。

（3）再把这个校验码附加在原数据帧（就是 m 位的帧，注意不是在后面形成的 m+k−1 位的帧）后面，建一个新帧发送到接收端，最后在接收端再把这个新帧以"模 2 除法"方式除以前面选择的除数，如果没有余数，则表明该帧在传输过程中没出错，否则出现了差错。

从上面可以看出，CRC 校验中有两个关键点：一是要预先确定一个发送端和接收端都用来作为除数的二进制比特串（或多项式）；二是把原始帧与上面选定的除数进行二进制除法运算，计算出 FCS。前者可以随机选择，也可按国际上通行的标准选择，但最高位和最低位必须均为"1"。例如，在 IBM 的 SDLC（同步数据链路控制）规程中使用 CRC-16（也就是这个除数一共是 17 位） 生成多项式 $g（x）=x^{16}+x^{15}+x^2+1$ （对应二进制比特串为 11000000000000101）；而在 ISO HDLC（高级数据链路控制）规程、ITU 的 SDLC、X.25、V34、V.41、V.42 等中使用 CCITT-16 生成多项式 $g（x）=x^{16}+x^{15}+x^5+1$（对应二进制比特串为 11000000000100001）。

下面以一个例子来具体说明整个过程。现假设选择的 CRC 生成多项式为 $g（x）=x^4+x^3+1$，求二进制序列 10110011 的 CRC 校验码。下面是具体的计算过程。

（1）首先把生成多项式转换成二进制数，由 $g（x）=x^4+x^3+1$ 可以知道，它一共是 5 位（总位数等于最高位的幂次加 1，即 4+1=5），然后根据多项式各项的含义（多项式只列出二进制值为 1 的位，也就是这个二进制的第 4 位、第 3 位、第 0 位的二进制均为 1，其他位为 0）很快就可得到它的二进制比特串为 11001。

（2）因为生成多项式的位数为 5，根据前面的介绍得知，CRC 校验码的位数为 4（校验码的位数比生成多项式的位数少 1）。因为原数据帧为 10110011，在它后面再加 4 个 0，得到 101100110000，然后把这个数以"模 2 除法"方式除以生成多项式，得到的结果为 0100（注意"模 2 除法"的运算法则）。

（3）用上步计算得到的 CRC 校验替换帧 101100110000 后面的 4 个"0"，得到新的帧 101100110100。再把这个新帧发送到接收端。

（4）当以上新帧到达接收端后，接收端会用上面选定的除数 11001 以"模 2 除法"

的方式去除这个新帧，验证余数是否为 0，如果为 0，则证明该帧数据在传输过程中没有出现差错，否则就出现了差错。

第四章　局域网技术

20 世纪 60 年代末至 70 年代初，随着计算机的广泛应用，一些大学和公司迫切需要解决计算机资源的共享问题，于是开始在大学校园和实验室内构建局部计算机网络。例如，几台计算机可共享一台激光打印机、一个文件服务器等。另外，对日常事务处理进行通信的要求也越来越迫切。例如，企事业各职能部门经常要进行数据交换。这些创新性的实验项目为局域网技术发展奠定了理论和技术基础。随着网络标准化的推广与应用，到了 80 年代，局域网的应用范围越来越广，涌现出大量的标准化局域网产品，其典型代表就是以太网。

上述实验项目一般是在一幢办公楼内的办公室之间互相通信，或者是在一个校园内的建筑物之间进行通信，这种小范围内进行资源共享的计算机网络称为局域网。局域网（LAN）是局部区域网的简称。LAN 是一种在有限的地理范围内将大量计算机及各种设备互联在一起，实现数据传输和资源共享的计算机网络。

计算机技术的普及和社会对信息资源的广泛需求，促进了计算机网络体系结构、协议标准研究的发展，从而促进了局域网技术的迅猛发展。许多机关、工厂、学校、跨国公司和机构都建立了自己的局域网，以便充分利用计算机及数据资源。由于互联网技术的迅速发展，这些原来属于内部网络的局域网都与互联网相连，成为这个世界最大网络的一部分，为互联网的进一步发展起到强大的推动作用，局域网技术也成为大型网络的技术基础。

局域网具有以下显著特点。

1.网络的覆盖范围小

局域网为建网单位所拥有，覆盖范围与该单位的地域有关，小到一个房间，大到一栋楼、一个校园或工业园区等，其通信距离一般在 0.1～10 km。

2.拓扑结构多样化

常见的拓扑结构主要有总线型、环形、星形、树形、网状和混合型。由于网络的覆盖面小，更重要的是网络由单位自己拥有，建网单位构建局域网考虑的重要因素是节省网络建设费用和更高的性价比，所以往往采用简单高效的网络拓扑结构。

3.传输率高和误码率低

局域网内接入了大量计算机，加之一个单位内的信息资源相关性强，通信线路上的数据流量大，信道容量需求大，因此需要采用高质量、大容量的传输介质。

局域网的传输速率很高，如 10～1000 Mb/s，甚至高达 10 Gb/s。通常采用短距离基带传输，数据传输质量高，误码率很低，约为 10^{-8}～10^{-11}。

4.能进行广播传输

目前，影响局域网特性的主要技术要素：①网络拓扑结构；②传输介质（光纤可以达到较远的距离，可以有高的数据传输率）；③介质访问控制方法。其中介质访问控制（MAC）方法对网络特性有着重要的影响。

第一节　局域网的构成

从硬件角度看，局域网是由工作站、服务器、网络适配器、网络连接设备、传输介质、介质连接器构成的集合体；从软件角度看，局域网由网络操作系统构成，实现统一协调、指挥，提供文件共享、打印、通信，数据库等服务功能；从体系结构上看，局域网有一系列层次的服务和协议标准。

一、工作站

工作站是网络前端窗口，用户通过它来访问网络的共享资源。事实上局域网也是一个具有对数据进行处理能力的多用户数据系统。工作站一般由计算机担任。不带硬盘的工作站通常称为无盘工作站。

对工作站性能的要求，主要根据用户需求而定。内存是影响工作站性能的关键因素之一。工作站所需要的内存大小取决于操作系统和工作站上所要运行的应用程序的大小和复杂程度。

二、服务器

服务器负责为网络中的其他工作站提供各种网络服务，同时在局域网中用于网络管理、控制系统中的共享设备（如大容量的磁盘、高速打印机等）。一个局域网至少应有一台服务器，它可以是专用的，也可以是一台配置较高的计算机。共有三种服务器：文件服务器、打印服务器和通信服务器。目前，在局域网中有两种网络：基于服务器的网络和对等的网络。

三、网络适配器

网络适配器（网卡）是所有服务器和工作站扩展槽上必须安装的网络设备，它起着通信控制处理机的作用，实现网络资源的共享和互相通信。网络适配器执行数据链路层的通信规程，实现物理层信号的转换。服务器或工作站的所有网络通信活动，都是通过网卡来实现的。目前，局域网中大量使用 10/100BASE-T 网卡。网络适配器通常做成一块插件板。

网卡所完成的功能包括。

（1）实现工作站和局域网传输介质的物理连接和电信号的匹配，接收和执行工作站及服务器送来的各种控制命令。

（2）实现局域网数据链路层的功能，包括传输介质的送取控制、信息帧的发送和接收、差错检验、串行代码转换等。

（3）实现无盘工作站的复位及引导。

（4）提供数据缓冲能力。

（5）实现某些接口功能等。

在所有计算机系统的设计中，标识系统（identification system）都是一个核心问题。在标识系统中，地址就是为识别某个系统的一个非常重要的标识符。在讨论地址问题时，很多人常常引用著名文献［SHOC78］给出的定义：名字指出我们所要寻找的那个资源，地址指出那个资源在何处，路由告诉我们如何到达该处。

IEEE 802 标准规定局域网 MAC 地址为一种 6 字节（48 bit）地址，这里的地址是指局域网上的每一台计算机中固化在适配器的 ROM 中的地址。局域网上某个主机的"地址"不能告诉我们这台主机位于什么地方。可见"MAC 地址"实际上就是每一个站的"名字"或标识符。

当路由器通过适配器连接到局域网时，适配器上的硬件地址就用来标志路由器的某个口。路由器如果同时连接到两个网络上，那么它就需要两个适配器和两个硬件地址。

四、传输介质及附属设备

传输介质是网络通信的物理基础之一。传输介质的性能对信息传输率、通信的距离、连接的网络节点数目和数据传输的可靠性等均有很大的影响。因此必须根据不同的通信要求，合理地选择传输介质。可以在局域网中使用的传输介质主要有同轴电缆、双绞线、光纤、微波无线电。

双绞线和同轴电缆一般作为建筑物内部的局域网干线；光缆则因其性能优良、价格较高，常作为局域网中建筑物之间的连接干线。一般小规模的局域网，只需采用一种传输介质就可满足要求。

附属设备由局域网使用的传输介质而定。就同轴电缆来说，它一般包括 BNC 插头、T 形头、终端适配器、中继器和调制解调器等。BNC 插头安装在同轴电缆段的两端，T 形头的一端连接用户工作站的网络适配器，其余两端分别连接两根同轴电缆段的 BNC 插头；终端匹配器安装在传输介质最外侧的两个端点上，以实现端点的阻抗匹配；中继器和调制解调器用于远距离传输，前者起信号放大的作用，后者用于信号的变换。

五、网络软件

网络系统软件是控制和管理网络运行、提供网络通信和网络资源分配与共享功能的网络软件，它为用户提供了访问网络和操作网络的友好界面。包括网络协议软件、网络通信软件和局域网操作系统等。网络协议软件主要用于实现物理层及数据链路层的某些功能。网络通信软件用于管理各个工作站之间的信息传输。局域网操作系统是指在网络环境上基于单机操作系统的资源管理程序，主要包括文件服务程序和网络接口程序，用于管理工作站的应用程序对不同资源的访问。

代表性的产品有：Novell 公司的 NetWare、Microsoft 公司的 Windows NT 等。

第二节　局域网的基本技术

决定局域网性能的主要技术有：①传输介质；②网络拓扑结构；③介质访问控制方法。

一、传输介质

局域网采用的传输介质主要有 4 种：双绞线、同轴电缆、光纤和微波无线电。

早期的网络中主要采用基带同轴电缆。随着网络应用的普及，双绞线得到了越来越广泛的应用。双绞线分为非屏蔽双绞线和屏蔽双绞线。非屏蔽双绞线是一种具有较高的性能价格比的传输介质，但是它的抗电磁干扰能力较差，而且由于在传输信息时向外辐射，容易造成泄密。屏蔽双绞线能够防止电磁干扰和向外辐射，但价格比非屏蔽双绞线要贵得多，且不易施工，在施工中要求完全屏蔽和正确接地。宽带同轴电缆和光纤性能较好，尤其是光纤，具有传输频带宽、通信容量大、抗电磁干扰能力强、安全性和保密性好等优点，但价格较贵。在目前的局域网中，主要采用光纤连接局域网的主干部分，随着光纤通信技术的成熟，局域网已经可以做到光纤到家、到大楼。由于有线网络机动性较差，在某些特殊场合，可采用微波、无线电、卫星等无线传输信号。

二、网络拓扑结构

局域网的拓扑结构指计算机网络节点和通信链路所组成的几何形状。计算机网络有多种拓扑结构，最常用的网络拓扑结构有：总线型拓扑结构、环形拓扑结构、星形拓扑结构、树形拓扑结构、网状拓扑结构和混合型拓扑结构。拓扑结构的选择只是局域网设计工作的一个部分，还必须综合传输介质、布线和介质访问控制技术以平衡可靠性、经济性、性能、可扩展性等方面。

总线型、树形拓扑结构的配置简单灵活，在实际工作中，一般而言，局域网都可采用总线型、树形拓扑结构来实现。当局域网覆盖的范围相当广而且速率要求比较高时，可以考虑使用环形拓扑结构。与其他类型的拓扑结构的局域网相比，环形拓扑结构局域网的吞吐量会更高一些。星形拓扑结构适用于短距离传输，而且局域网站点数量相对较少而数据速率较高的场合。

三、介质访问控制方法

介质访问控制的目的就是要保证每个工作站能够互不冲突地传送信息。

无论采用何种拓扑结构，在局域网中，都是在同一传输介质中连接了多个站，而局域网中所有的站都是对等的，任何一个站都可以和其他站通信，这就需要有一种仲裁方式来控制各站使用介质的方式，这就是所谓的介质访问方法。所谓"访问"，指的是在两个实体间建立联系并交换数据。介质访问控制方法对网络的响应时间、吞吐量和效率起着十分重要的作用。介质访问方法决定着局域网的性能，因此它是一种关键技术。

介质访问控制方法主要有 5 类：固定分配、需要分配、适应分配、探寻分配和随机访问。评价介质访问控制方法有 3 个基本要素：协议简单、有效的通道利用率和用户公平合理地使用网络。

第三节 介质访问控制方法

在计算机局域网中，工作站与服务器，工作站与工作站之间信息传输必然要产生冲突现象，如何有效地避免冲突，使网络达到最好的工作效率以及最高的可靠性，是研究人员首先要解决的问题。用于局域网的典型介质访问控制方法有以下 3 种。介质访问控制的目的就是要保证每个工作站都能够互不冲突地传送信息。

无论采用何种拓扑结构，在局域网中，都是在同一传输介质中连接了多个站，而局域网中所有的站都是对等的，任何一个站都可以和其他站通信，这就需要一种仲裁方式来控制各站使用介质的方式。

一、载波监听多路访问/冲突检测方法（CSMA/CD）

最初，美国施乐（Xerox）公司的 Palo Alto 研究中心（简称为 PARC）于 1975 年研制成功采用 CSMA 技术以无源的电缆作为总线来传送数据帧，其速率可达 2.94 Mb/s，并以曾经在历史上表示传播电磁波的以太（Ether）来命名。1981 年，施乐公司与数字装备公司（Digital）以及英特尔（Intel）公司合作，联合提出了以太网的规约，并增加了检测碰撞功能，称之为 CSMA/CD。IEEE 802.3 是对以太网的标准化。

CSMA/CD 方法争用信道的过程。

（1）以太网的数据信号是按差分曼彻斯特方法编码，因此如总线上存在电平跳变，则判断为总线忙，否则判断为总线空闲。网络中任何一个工作站在发送信息前，要侦听网络中有无其他工作站在发送信号，如果信道是空闲的，则发送。

（2）如果信道忙，即信道被占用，则继续侦听，此工作站要等一段时间再争取发送权。直到检测到信道空闲后，才能发送信息。查看信道有无载波监听，而多路访问指多个工作站共同使用一条线路。

当侦听到信道已被占用时，等待时间可由两种方法确定。一种是当某工作站检测到信道被占用后继续检测，一直到信道出现空闲后立即发送，这种方法称为持续的载波监听多路访问。另一种是检测到信道被占用后，等待一个随机时间后再进行检测，直到信道出现空闲后再发送，这种方法称为非持续的载波监听。

（3）当一个工作站开始占用信道进行信息发送时，再用冲突检测器继续对网络监测一段时间，即一边发送，一边监听，把发送的信息与监听的信息进行比较，如果结果一致，则说明发送正常，抢占总线成功，可继续发送。如果结果不一致，则说明有冲突，应立即停止发送，这样做可避免因传送已损坏的帧而浪费信道容量。

（4）如果在发送信息过程中检测出冲突，即发送信息和接收到的信息不一致，则要进入发送"冲突加强信号"阶段，此时要向总线上发一串阻塞信号，通知总线上各站冲突已发生。采用冲突加强措施的目的是确保有足够的冲突持续时间，以使网中所有节点都能检测出冲突存在，废弃冲突帧，减少因冲突浪费的时间，提高信道利用率，冲突加强中发送的阻塞信号一般为 4 字节的任意数据。等待一个随机时间后，再重复上述过程进行发送。如果线路上最远两个站点信息包传送延迟时间为 d，碰撞窗口时间一般为 2d。

如果在几乎相同的时刻，有两个或两个以上节点发送了数据帧，就会产生冲突，冲突检测的方法有两种，比较法和编码违例判决法。所谓比较法就是发送节点发送数据的同时，将其发送信号的波形与从总线上接收到的波形进行比较，如果总线上同时出现两个或两个以上的发送信号，他们叠加后的信号波形将不等于任何节点发送的波形信号。所谓编码违例判决法只检测从总线上接收到的信号波形，如果总线上只有一个节点发送数据，则从总线上接收波形一定符合差分曼彻斯特方法编码规律。

CAMA/CD 的接收过程比较简单，总线上的工作站总在监听总线，一旦有信息传输，就接收信息。节点对接收信息的信号进行检测，如果发现信号畸变，说明在发送的过程中出现了冲突，这时候应立即停止接收，并将接收到的信息删除。如果在整个接收过程中没有冲突发生，站点收下数据，再分析和判断该帧携带的目的地址，如果目的地址是本机地址，则复制该帧，否则丢弃该帧。

CSMA/CD 控制方式的优点是原理比较简单，技术上容易实现，网络中各工作站处于平等地位，无须集中控制，在网络负荷较轻时效率较高。

CSMA/CD 控制方式的缺点是不能保证在一个确定时间内把信息发到对方而不发生碰撞，不适宜要求实时性强的应用。总线对负荷很敏感，负荷增大时，效率下降。

二、令牌环访问控制方法

令牌环网（Token-ring）1969 年由 IBM 提出，其应用仅次于以太网。IEEE 802.5 标准是在 IBM 令牌环网的基础上形成的。环形网络的主要特点是只有一条环路，信息单向流动，无路径问题。

令牌环访问控制的主要原理是使用一个称之为"令牌"的短帧，该令牌沿环形网依次向每个节点传递，只有拥有令牌的站才有权发送信息，当网上无信息传输时，令牌处于"空闲"状态，空令牌一直逆时针运行。当某一个工作站准备发送信息时，就必须等待，直到检测并捕获到经过该站的令牌为止，然后，将令牌的控制标志从"空闲"状态改变为"忙"

状态，并发送出一帧信息。其他的工作站随时检测经过本站的帧，当发送的帧目的地址与本站地址相符时，就接收该帧，待复制完毕再转发此帧，直到该帧沿环一周返回发送站，并收到接收站指向发送站的肯定应答信息时，才将发送的帧信息进行清除，并使令牌标志又处于"空闲"状态，继续插入环中。当另一个新的工作站需要发送数据时，按前述过程，检测到令牌，修改状态，把信息装配成帧，进行新一轮的发送。这样可以保证任一时刻传输介质只被一个站点占用，而不会像以太网那样出现竞争的局面，不会因为冲突而降低效率。因此，它是非争用型介质访问控制方法。

采用令牌环网控制方式的主要优点是访问方式具有可调整性，令牌环网上的各个站点可以设置成不同的优先级，允许具有较高优先权的站点申请获得下一个令牌权，具有很强的实时性。

令牌环网的主要缺点是控制电路较复杂。例如，可能会出现因数据帧未被正确移去而始终在环上循环传输的情况；也可能出现令牌丢失，或只允许一个令牌的网络中出现了多个令牌等异常情况。解决这类问题的常用办法是在环中设置监控器，对异常情况进行检测并消除。

三、令牌总线访问控制方式

1976 年美国 DataPoint 公司研制成功的 ARCnet 网络，它综合了令牌传递方式和总线网络的优点，在物理总线结构中实现令牌传递控制方法从而构成一个逻辑环路。

ARCnet 主要用于总线型或树形网络结构中，采用总线式的令牌传递方式，每一台联网的站点都含有一个站号，各站根据站号连成一个逻辑环。

只有在逻辑环上的站点才有机会获得令牌，而不在逻辑环上的站点只能通过总线接收数据或响应令牌保持时间。只有令牌持有者才能控制总线，才有发送信息的权力。信息是双向传送的，每个站都可以检测到其他站点发送的信息。在令牌传递时，都要加上目的地址，所以只有检测到并得到令牌的工作站才能发送信息，它不同于 CSDM/CD 方式，可在总线型和树形结构中避免冲突。

ARCnet 网络的优点是各个工作站对介质的共享权力是均等的，可以设置优先级；各个工作站不需要检测冲突，故信号电压容许较大的动态范围；有一定实时性，在工业控制中得到了广泛的应用。缺点是控制电路较复杂，成本高，轻负载时，线路传输效率低。

第四节　网络互联设备及接口

组建局域网时，除了常用的网络连接硬件设备（如网卡）、传输介质等，还需要一些接插件，如 RJ-45 接口。如果网络需要扩展或网络之间需要互联，不仅是简单的物理链路的互通，更重要的是使用户能访问所需的数据和各种应用，这就需使用中继器（Repeater）、网桥（Bridge）、交换机（Switch）、路由器（Router）、网关（Gateway）等互联设备。

用于网络互联的设备通常有以下几种。

中继器：在不同电缆段复制位信号，工作在 OSI 模型的最底层——物理层。

网桥：在局域网间存储、转发帧，工作在 OSI 模型的第二层——数据链路层。

交换机：工作在 OSI 模型的第二层——数据链路层。

路由器：在局域网间存储、转发分组，工作在 OSI 模型的第三层——网络层。

网关：协议转换器，工作在 OSI 模型的四层以上。

一、网络接口

网络接口通常指的是网络用户设备（或终端）与网络设备之间的接口，常见的以太网接口有以下几种类型。

1.RJ-45 接口

这种接口就是我们现在最常见的网络设备接口，俗称"水晶头"，专业术语为 RJ-45 连接器，属于双绞线以太网接口类型。

2.光纤接口

光纤接口类型很多，常见的光纤接口包括 FC、ST、SC，SC 光纤接口，主要用于局域网交换环境，在一些高性能以太网交换机和路由器上提供了这种接口。

3.BNC 接口

BNC 接口是专门用于与细同轴电缆连接的接口,细同轴电缆也就是我们常说的"细缆",现在 BNC 接口基本上已经不再使用于交换机。

4.Console 接口

以太网交换机上一般都有一个 Console 端口,用于对交换机进行配置和网络管理。Console 端口是最常用、最基本的交换机管理和配置端口。

5.网卡

网卡(Network Interface Card,NIC)也叫作网络适配器,是连接计算机与网络的硬件设备。网卡插在计算机或服务器扩展槽中,通过网络线缆(如双绞线、同轴电缆或光纤)与网络交换数据、共享资源。它一方面通过总线与计算机设备接口相连,另一方面又通过电缆接口与网络传输媒介(如双绞线)相连。在安装网卡之后往往还要进行协议配置,即需要驱动。

网卡工作在 OSI/RM 的物理层和数据链路层,不同类型和速度的网络需要使用不同种类的网卡。每一个网卡上都有一个世界唯一的 MAC 地址,MAC 地址被烧录在网卡的 ROM 中,用来标明并识别网络中的计算机的身份,依靠该 MAC 地址,才能实现网络中不同计算机之间的通信和信息交换。

网卡有很多类型,如以太网网卡、ATM 网卡、无线网网卡等。此外,不同型号和不同厂家的网卡,往往有一定的差别,应针对不同的网络类型和应用场所正确选择网卡。

二、中继器和集线器

1.中继器

中继器(Repeater)是最简单的网络连接设备,工作在 OSI/RM 的物理层。中继器的作用是放大通过网络传输的数据信号,用于扩展局域网的作用范围。例如,对 Ethernet 局域网设计连线时,两个最远用户之间的距离(包括用户到局域网的连接电缆)不超过 500 m(IEEE 802 .3 标准),使用了中继器后,路径可延长到 1500 m。中继器对于高层协议是完全透明的,即无论高层采用什么协议都与中继器无关。中继器的主要优点是安装简单,使用方便，几乎不需要维护。

2.集线器

集线器（Hub）是局域网中计算机和计算机之间的连接设备，作为网络传输介质间的中央节点，它克服了传输介质通道单一的缺陷。网络以集线器为中心的优点是当网络系统中某条线路或某节点出现故障时，不会影响网上其他节点的正常工作。

三、网桥和交换机

1.网桥

网桥（Bridge）又称为桥接器，工作在 OSI/RM 的数据链路层。网桥是用来连接两个网络操作系统相同的网络，网桥是一个局域网与另一个局域网之间建立连接的桥梁。

网桥的功能：①过滤通信量，使局域网的流量限制在一个网络分段内；②扩大网络物理范围；③提高网络可靠性，因为它能够隔离一个物理网段的故障；④互联不同的局域网，如以太网、FDDI、令牌环等。

2.交换机

交换机（Switch）也称交换式集线器，它工作在 OSI/RM 的数据链路层，能够分辨 MAC 地址。作为高性能的集线设备，交换机已经逐步取代了集线器而成为计算机局域网的关键设备，适合大量数据交换的网络，广泛应用于各类多媒体与数据通信网中。

根据交换机工作的协议层，交换机可分为二层交换机、三层交换机等。

二层交换机属于数据链路层设备，可以识别数据包中的 MAC 地址信息，根据 MAC 地址进行转发，并将这些 MAC 地址与对应的端口记录在自己内部的一个地址表中。

三层交换机就是具有部分路由器功能的交换机，三层交换机的最重要目的是加快大型局域网内部的数据交换，所具有的路由功能也是为这个目的服务的，能够做到一次路由，多次转发。对于数据包转发等规律性的过程由硬件高速实现，而像路由信息更新、路由表维护、路由计算、路由确定等功能，由软件实现。三层交换技术在网络模型中的第三层实现了数据包的高速转发，既可实现网络路由功能，又可根据不同网络状况实现最优网络性能。

二层交换机用于小型的局域网络，二层交换机的快速交换功能、多个接入端口和低廉的价格为小型网络用户提供了完善的解决方案。

三层交换机的优点在于接口类型丰富，支持的三层功能强大，路由能力强大，适合大型网络间的路由，它的优势在于选择最佳路由、负荷分担、链路备份，以及和其他大型局域网内部的数据的快速转发，加入路由功能也是为这个目的服务的。如果把大型网络划分成一个个小的局域网，将导致大量的网际互访，单纯地使用二层交换机不能实现网际互访，如单纯地使用路由器，由于接口数量有限和路由转发速度慢，将限制网络的速度和网络规模，采用具有路由功能的快速转发的三层交换机就成为首选。

四、路由器

路由器（Router）连接多个逻辑上分开的网络，即不同的逻辑子网。它的特点是：① 与网络层的协议有关，其协议决定信息传输的最佳路径选择；② 具有流量控制功能——防止拥塞现象，解决速度匹配问题；③ 解决 LAN-LAN 的互联；④ 具有隔离广播信息的能力；⑤ 具有协议转换的能力，可互联异构网；⑥ 具有安全机制，根据 IP 地址可以进行包过滤。它是网络层互联设备，工作在 OSI/RM 的网络层。

路由器的主要工作就是为经过路由器的每个数据帧寻找一条最佳传输路径，并将该数据有效地传送到目的站点。为完成这项工作，在路由器中保存着各种传输路径的相关数据——路由表（Routing Table），供路由选择时使用。路由表中保存着子网的标志信息、网上路由器的个数和下一个路由器的名字等内容。路由表可以是由系统管理员固定设置好的，也可以由系统动态修改；可以由路由器自动调整，也可以由主机控制。

随着计算机技术的不断发展，网络互联设备向着支持多种协议的复合路由器与网桥/路由器结合的桥接路由器的方向发展。

路由器要有路由协议处理功能，协议决定信息传输的最佳路径，由路由器执行协议操作。目前存在不同标准的路由器协议，如 IGRP、RID、OSPF 等。

五、网关

网关（Gateway）工作在 OSI/RM 的高三层，即会话层、表示层和应用层。网关使用协议转换器提供高层接口（主要是软件），用于两个高层协议不同的网络互连，实现高层协议转换功能，故网关中有两个或多个网卡。因此，网关又称为协议转换器。例如，电子邮件的SMTP协议（TCP/IP）、X.400（CCITT）协议，两种协议格式编码不同，转换时需要网关。

第五章　通信网与接入网技术

第一节　通信网概述

一、通信网概念

我们学过点对点的单向通信系统模型，要实现双向通信还需要另一个通信系统完成相反方向的信息传送工作。要实现多用户间的通信，则需要将多个通信系统有机地组成一个整体，使它们能协同工作，即形成通信网。

在通信网上，信息的交换可以在两个用户之间进行，可以在两个计算机进程之间进行，还可以在一个用户和一个设备之间进行。交换的信息包括用户信息（如话音、数据、图像等）、控制信息（如信令信息、路由信息等）和网络管理信息3类。由于信息在网上通常以电或光信号的形式进行传输，因而现代通信网又称电信网。

通信网是一种使用交换设备、传输设备，将地理上分散用户终端设备有机地组织在一起，按约定的信令或协议实现任意用户间通信和信息交换的系统，是实现信息传输、交换的所有通信设备相互连接起来的整体。

二、通信网的构成与分类

现代通信网是由软件和硬件按特定方式构成的一个通信系统，每一次通信都需要软硬件设施的协调配合来完成。

1.通信网的构成

通信网的构成包括硬件和软件系统。通信网的硬件系统一般由终端设备、传输系统和转接交换系统构成，他们是构成通信网的物理实体，完成通信网的基本功能：接入、交换和传输。为使全网协调合理地工作，还要有各种规定，如信令方案、各种协议、网络结构、路由方案、编号方案、资费制度与质量标准等，这些均属于软件系统。它们主要完成通信网的控制、管理、运营和维护，实现通信网的智能化。从另外一个角度来讲，现代通信网除有传递各种用户信息的业务网外，还需要有若干支撑网，如接入网、信令网、同步网、管理网等。

对通信网一般有以下 3 个通用的标准，即接通的任意性与快速性、信号传输的透明性与传输质量的一致性、网络的可靠性与经济合理性。

现代通信网的发展趋势可概括为通信技术数字化、通信业务综合化、网络互通融合化、通信网络宽带化、网络管理智能化和通信服务个人化。

2.通信网的分类

通信网的分类方法很多，根据不同的划分方法，同一个通信网可以有多种分类形式。

（1）按业务种类，可划分为固定电话通信网、移动电话通信网、计算机通信网、电报网、数据通信网、传真通信网、广播电视网和综合业务数字网等。

（2）按服务范围，可划分为本地网、长途网、国际网、城域网和广域网等。

（3）按传输介质，可划分为电缆通信网、光缆通信网、卫星通信网、微波通信网、无线通信网等。

（4）按交换方式，可划分为电路交换网、报文交换网、分组交换网、宽带交换网等。

（5）按拓扑结构，可划分为网状网、星形网、环形网、树形网、总线网等。

（6）按信号形式，可划分为模拟通信网、数字通信网、数字/模拟混合网等。

（7）按传递方式，可划分为同步传递模式（STM）和异步传递模式（ATM）。

三、公共交换电话网

公共交换电话网（Public Switched Telephone Network，PSTN）最早是 1876 年由贝尔发明电话开始建立的，是一种用于全球语音通信的电路交换网络，它是发展最为成熟、使用最为广泛的网络，也是实现数据通信的重要基础之一。

1.公共交换电话网的基本组成

公共交换电话网提供的主要服务是进行交互型话音通信，但也可兼容其他许多种非话音业务网，如采用数字用户线技术（DSL）实现互联网接入、远程站点和本地局域网之间互连、远程用户拨号上网、传真服务、用作专用线路的备份线路等。除以传递电话信息为主的业务网外，一个完整的电话通信网还需要若干个用以保障业务网正常运行的增强网络功能，即提高网络服务质量的支撑网络。支撑网络中传递的是相应的监测和控制信号。支撑网络包括同步网、公共信道信令网、传输监控网、管理网等。

公共交换电话网主要由用户终端设备、交换设备和传输系统组成。

（1）用户终端设备

用户终端设备主要是电话机，作用是将用户的声音信号转换成电信号或将电信号还原成声音信号。同时，电话机还具有发送和接收电话呼叫的能力，用户通过电话机拨号来发起呼叫，通过振铃知道有电话呼入。用户终端可以是送出模拟信号的脉冲式或双音频电话机，也可以是数字电话机，还可以是传真机或计算机等。

（2）交换设备

交换设备主要是指交换机。自 1891 年史端乔发明了自动交换机，电话交换机随着电子技术的发展经历了磁石交换、空分交换、程控交换、数字交换等阶段。目前，几乎全部都是数字化的网络，基本采用数字交换。交换机主要负责用户信息的交换。它要按用户的呼叫要求在两个用户之间建立交换信息的通道，即具有连接功能。此外，交换机还具有控制和监视的功能。例如，它要及时发现用户摘机、挂机，还要完成接收用户号码、计费等功能。

（3）传输系统

传输系统主要由传输设备和线缆组成，负责在各交换点之间传递信息。在电话网中，传输系统包括用户线和中继线。用户线负责在电话机和交换机之间传递信息，而中继线则负责在交换机之间进行信息的传递。传输介质可以是有线的也可以是无线的，传送的信息可以是模拟的也可以是数字的，传送的形式可以是电信号也可以是光信号。

2.话音业务的特点

电话网的主要业务是话音业务，话音业务具有的主要特点如下。

（1）速率恒定且单一，用户的话音频率在 300～3 400 Hz ，经过抽样、量化、编码后，都形成了 64 kb/s 的速率。

（2）话音对丢失不敏感，在话音通信中可以允许一定的丢失存在，因为话音信息的相关性较强。可以通过通信的双方用户来恢复。

（3）话音对实时性要求较高，在话音通信中，双方用户希望像面对面一样进行交流，而不能忍受较大的时延。

（4）话音具有连续性，通话双方一般是在较短时间内连续地表达自己的通信信息。

四、光纤通信和光传输技术

1.光纤通信系统的基本组成

光纤是光导纤维的简称，光纤通信是以光波作为信息载体，以光纤作为传输媒介的一种通信方式。光纤通信技术（Optical Fiber Communications）从光通信中脱颖而出，已成为现代通信的主要支柱之一，在现代通信网中起着举足轻重的作用。

光纤通信具有容量大、频带宽、传输损耗小、抗电磁干扰能力强、通信质量高等优点，与同轴电缆相比可以节约大量有色金属和能源。自 1977 年世界上第一个光纤通信系统在美国芝加哥投入运行以来，光纤通信发展极为迅速，新器件、新工艺、新技术不断涌现，现已成为各种通信干线的主要传输手段。

由于激光具有高方向性、高相干性、高单色性等显著优点，光纤通信中的光波主要是激光。光纤通信系统主要由光发送机、光接收机、光缆传输线路、光中继器和光纤连接器、耦合器等无源光器件构成。

（1）光发送机

光发送机是实现电/光转换的光端机，它由光源、驱动器和调制器等组成，作用是将来自电端机的电信号对光源发出的光波进行调制，然后再将已调的光信号耦合到光纤传输。所谓电端机就是常规的电子通信设备。

（2）光接收机

光接收机是实现光/电转换的光端机，它由光检测器和光放大器等组成，作用是将光纤传来的光信号，经光检测器转变为信号，然后再将这些微弱的电信号经放大电路放大后，送到接收端的电端机去。

（3）光揽传输线路

光揽传输线路构成光的传输通路，作用是将发信端发出的已调光信号，经过光纤的远距离传输后，耦合到收信端的光检测器上去，完成信息的传输任务。

（4）光中继器

光中继器由光检测器、光源和判决再生电路组成。它的作用有两个：一个是补偿光信号在光纤中传输时的衰减；另一个是对波形失真的脉冲进行整形。

（5）光纤连接器、耦合器等无源器件

由于光纤的长度受到光纤拉制工艺和光纤施工条件的限制，一条光纤线路上可能存在多根光纤的连接问题。因此，光纤间的连接、光纤与光端机的连接及耦合，对光纤连接器、光纤耦合器等无源器件的使用是必不可少的。

2.SDH/PDH

在数字通信系统中，传送的信号都是数字化的脉冲序列。这些数字信号流在数字交换设备之间传输时，其速率必须完全保持一致，才能保证信息传送的准确无误，这就叫作"同步"。

在数字传输系统中，有两种数字传输系列：一种叫作"准同步数字系列"（Plesiochronous Digital Hierarchy，PDH）；另一种叫作"同步数字系列"（Synchronous Digital Hierarchy，SDH）。

采用准同步数字系列的系统，是在数字通信网的每个节点上都分别设置高精度的时钟，这些时钟信号都具有统一的标准速率。尽管每个时钟的精度都很高，但总有一些微小的差别。为保证通信的质量，要求这些时钟的差别不能超过规定的范围。因此，这种同步方式严格来说不是真正的同步，所以叫作"准同步"。

在以往的电信网中多使用 PDH 设备。这种系列对传统的点到点通信有较好的适应性。而随着数字通信的迅速发展，点到点的直接传输越来越少，大部分数字传输都要经过转接，因而 PDH 系列不再适合现代电信业务开发的需要以及现代化电信网管理的需要。SDH 就是为适应这种新的需要而出现的传输体系。

最早提出 SDH 概念的是美国贝尔通信研究所，称其为光同步网络（SONET），它是高速大容量光纤传输技术和高度灵活、便于管理控制的智能网技术的有机结合。SONET 标准规定了帧格式以及光学符号的特性，将比特流压缩成光信号在光纤上传输，它的高速和帧格式决定了它可以支持灵活的传输业务。1988 年，CCITT 接受了 SONET 的概念，重新将其命名为"同步数字系列（SDH）"，使它不仅适用于光纤，也适用于微波和卫星传输的技术体制，并且使其网络管理功能大大增强。在国际上，SONET 和 SDH 这两个标准是被同等对待的，SDH 已被推荐为 B-ISDN 的物理层协议标准。

SONET 定义了线路速率的等级结构，其传输速率以 51.84 Mb/s 为基础进行倍乘。这个 51.84 Mb/s 速率对于电信号就称为第 1 级同步传送信号，记为 STS-1；相应的光载波则称为"第 1 级光载波"，记为 OC-1，现已定义了 8 个等级的速率标准。SDH 速率为 155.52 Mb/s，称为"第 1 级同步传送模块"，记为 STM-1。

SDH 技术与 PDH 技术相比，具有以下优点。

（1）网络管理能力大大加强。

（2）提出了自愈网的新概念。用 SDH 设备组成的带有自愈保护能力的环网形式，可以在传输媒体主信号被切断时，通过自愈网自动恢复正常通信。

（3）统一的比特率，统一的接口标准。

（4）采用字节复接技术，使网络中上下支路信号变得十分简单。

若把 SDH 技术与 PDH 技术的主要区别用铁路运输类比的话，PDH 技术如同散装列车，各种货物（业务）堆在车厢内，若想把某一包特定货物（某一项传输业务）在某一站取下，需把车上的所有货物先全部卸下，找到所需要的货物，然后再把剩下的货物及该站新装货物移到车上运走。因此，PDH 技术在凡是需上下电路的地方都需要配备大量的复接设备。而 SDH 技术就好比集装箱列车，各种货物（业务）贴上标签后装入集装箱，然后小箱子装入大箱子，一级套一级，这样通过各级标签，就可以在高速行驶的列车上准确地将某一包货物取下，而不需要将整个列车"翻箱倒柜"（通过标签可准确地知道某一包货物在第几车厢及第几级箱子内）。所以，只有在 SDH 中才可以实现简单的上下电路。

3.MSTP 与 MSAP

（1）MSTP——基于 SDH 的多业务传送平台

基于 SDH 的多业务传送平台（Multi-Service Transport Plaform MSTP）是指基于 SDH 平台同时实现 TDM、ATM、以太网等业务的接入、处理和传送，提供统一网管的多业务节点。MSTP 主要是为了适应城域网多业务的需求而发展起来的新一代 SDH 技术，以 SDH 为基础平台，从单纯支持 2 Mb/s、155 Mb/s 等话音业务的 SDH 接口向包括以太网和 ATM 等多业务接口演进，将多种不同业务通过 VC 或 VC 级联方式映射入 SDH 时隙进行处理。目前，MSTP 除具有所有标准 SDH 传送节点所具有的功能模块外，一般还包括 ATM 处理模块、以太网处理模块。

MSTP 的技术优势在于解决了 SDH 技术对于数据业务承载效率不高的问题；解决了 ATM/IP 对于 TDM 业务承载效率低、成本高的问题；解决了 IP QoS 不高的问题；解决了 RPR 技术组网限制问题，实现了双重保护，提高了业务安全系数；增强了数据业务的网络概念，提高了网络检测、维护能力；降低了业务选型风险；实现了降低投资、统一建网、按需建设的组网优势；适应全业务竞争需求，快速提供业务。但 SDH/MSTP 网络在客户接入中存在接入网统一管理难度大，以及接入电缆多、后期维护困难等问题。

（2）多业务接入平台

由于 MSTP 平台接入层存在前述问题，需要一种能使接入网络更加灵活、更易于管理、具备更强的可扩展性并且能降低运营成本、提高运维效率的多业务接入平台，（Multi-Service Access Platform，MSAP）由此产生。

MSAP 是一种定位在接入层为用户提供多业务接口的新型接入设备。它以 SDH 技术为内核，采用模块化设计，提供多个业务扩展槽，集成了多种接入方案。根据用户需求，上行可以按需提供 155 Mb/s 接口或 622 Mb/s 接口直接接入现有的 SDH 传输网和 MSTP 传输网。下行可以根据业务需要随时插入以太网接口板、PDH 模式光板等多种业务接口板。可以通过以太网光口直接接入用户分支点的收发器设备，或者通过 PDH 模式光口接入用户分支点 PDH 模式并直接提供 V35，E1 接口的远端接入设备，从而提供不同的 V35、以太网、E1 接口，省去原有接入方式上的接口转换部分。

MSAP 是接入层综合组网技术，是满足大客户组网需求而出现的一种融合性技术，是 MSTP 有益的补充，弥补主流传输厂家在配线层两端产品的不足之处。

4.OTN

OTN（Optical Transport Network，光传送网），是以波分复用技术为基础、在光层组织网络的传送网，是下一代的骨干传送网。

全业务运营时代，电信运营商都将转型为 ICT（信息和通信技术，是电信服务、信息服务、IT 服务及应用的有机结合）综合服务提供商。业务的丰富性带来对带宽的更高需求，直接反映为对传送网能力和性能的要求。光传送网技术由于能够满足各种新型业务需求，从幕后渐渐走到台前，成为传送网发展的主要方向。

OTN 是以波分复用技术为基础,在光层组织网络的传送网,是下一代骨干传送网。OTN 是通过 G.872、G.709、G.798 等一系列 ITU-T 的建议所规范的新一代"数字传送体系"和"光传送体系"，将解决传统 WDM 网络无波长/子波长业务调度能力差、组网能力弱、保护能力弱等问题。

OTN 跨越了传统的电域（数字传送）和光域（模拟传送），是管理电域和光域的统一标准。

OTN 处理的基本对象是波长级业务，它将传送网推进到真正的多波长光网络阶段。由于结合了光域和电域处理的优势，OTN 可以提供巨大的传送容量、完全透明的端到端波长/子波长连接以及电信级的保护，是传送宽带大颗粒业务的最优技术。

OTN 的主要优点是完全向后兼容，它可以建立在现有的 SONET/SDH 管理功能基础上，不仅对存在的通信协议完全透明，而且还为 WDM 提供端到端的连接和组网能力，它为 ROADM 提供光层互联的规范，并补充了子波长汇聚和疏导能力。

OTN 概念涵盖了光层和电层两层网络，其技术继承了 SDH 和 WDM 的双重优势，关键技术特征体现为：① 多种客户信号封装和透明传输；② 大颗粒的带宽复用、交叉和配置；③ 强大的开销和维护管理能力；④ 增强了组网和保护能力。

五、移动通信网

移动通信网是通信网的一个重要分支。近年来，移动通信以其显著的特点和优越性迅速发展，广泛应用在社会的各个领域。所谓移动通信，是指通信的一方或双方可以在移动中进行的通信过程，即至少有一方具有可移动性。例如，可以是移动台与移动台之间的通信，也可以是移动台与固定用户之间的通信。

1.移动通信网系统的基本组成

移动通信的种类繁多，如陆地移动通信系统可分为蜂窝移动通信、无线寻呼系统、无绳电话、集群系统等。同时，移动通信和卫星通信相结合产生了卫星移动通信，可以实现国内、国际大范围的移动通信。

（1）移动业务交换中心

移动业务交换中心（Mobile-services Switching Centre，MSC）是蜂窝通信网络的核心，负责本服务区内所有用户移动业务的实现，如为用户提供终端业务、无线资源的管理、越区切换和通过关口 MSC 与公用电话网相连等，GMCS（Gate MSC）是网关，称为入口移动交换局或称门道局。

（2）基站

基站（Base Station，BS）负责和本小区内的移动台之间通过无线电波进行通信，并与 MSC 相连，以保证移动台在不同小区之间移动时也可以进行通信。

（3）移动台

移动台（Mobile Station，MS）是移动通信网中的终端设备，如手机或车载台等。它要将用户的话音信息进行变换并以无线电波的方式进行传输。

（4）中继传输系统

在移动业务交换中心（MSC）之间、移动业务交换中心和基站（BS）之间的传输线均采用有线方式。

（5）数据库

移动通信网中的用户是可以自由移动的，因此，要对用户进行联系就必须掌握用户的位置及其他信息，数据库就是用来存储用户有关信息的。

2.移动通信的特点

相比固定通信而言，移动通信要给用户提供与固定通信一样的业务，但其管理技术、信号传播环境等要比固定网复杂得多。因此，移动通信有许多与固定通信不同的特点。

（1）用户的移动性。要保持用户在移动中的通信，必须采用无线通信，或无线通信与有线通信的结合。因此，系统中要有完善的管理技术对用户的位置进行登记、跟踪，使用户在移动时也能进行通信，不会因为位置的改变而中断。

（2）电波传播条件复杂。移动台可能在各种环境中运动，如建筑物或障碍物等。因此，电磁波在传播时不仅有直射信号，还会产生反射、折射、绕射、多普勒效应等现象，从而产生多径干扰、信号传播延迟等。因此，必须充分研究电波的传播特性，使系统具有足够的抗衰落能力，才能保证通信系统正常运行。

（3）噪声和干扰严重。移动台在移动时不仅受到城市环境中各种工业噪声和天然电噪声的干扰，同时，由于系统内有多个用户，移动用户之间还会有互调干扰、邻道干扰、同频干扰等。这就要求在移动通信系统中对信道进行合理的划分和频率的再用。

（4）系统和网络结构复杂。移动通信系统是一个多用户通信系统和网络，必须使用户之间互不干扰，能协调一致地工作。此外，移动通信系统还应与其他固定通信网互联，整个网络结构是很复杂的。

（5）有限的频率资源。在有线网中，可以依靠多铺设电缆或光缆来提高系统的带宽资源。而在无线网中，资源频率是有限的，ITU 对无限频率的划分有严格的规定。如何提高系统的频率利用率始终是移动通信系统的一个重要课题。

移动通信网按覆盖方式可分为"大区制"和"小区制"。所谓大区制是指由一个基站覆盖整个服务区，该基站负责服务区内所有移动台的通信与控制，覆盖半径一般为 30～50 km，只适用于用户较少的专用通信网。小区制是指将整个服务区划分为若干小区，在每个小区设置一个基站，负责本小区内移动台的通信与控制。小区制的覆盖半径一般为 2～10 km，基站的发射功率一般限制在一定的范围内，以减少信道干扰，同时要设置移动业务交换中心，负责小区间移动用户的通信连接及移动网与有线网的连接，保证在整个服务区内，移动台无论在哪个小区都能够正常进行通信。目前，公用移动通信系统的网络结构一般为数字蜂窝网结构，最常用的小区形状为正六边形，这是最经济的一种方案。由于正六边形的网络形同蜂窝，因此称这种小区形状的移动通信系统为蜂窝网移动通信系统。

3.移动通信技术的发展

20 世纪 40 年代至今，移动通信网按其发展过程可分为第一代（1G）、第二代（2G）、第三代（3G）、第四代（4G）移动通信技术。1G 主要是基于模拟的 FDMA 技术，目前已经淘汰，现在移动通信技术正向第五代（5G）发展。

第一代模拟制式的移动通信系统采用模拟信号传输，模拟制式是指无线传输采用模拟式的 FM 调制，将 300～3400 Hz 的语音转换到高频的载波频率 （MHz）上。此外，1G 只能应用在一般语音传输上，且语音品质低、信号不稳定、涵盖范围也不够全面。

1G 系统主要为 AMPS，另外还有 NMT 及 TACS，我国在 20 世纪 80 年代初期移动通信产业还属于一片空白，直到 1987 年，在广东第六届全运会上蜂窝移动通信系统才正式启动。

GSM 数字蜂窝通信系统是 80 年代末开发的。2G 是包括语音在内的全数字化系统，新技术体现在通话质量和系统容量的提升上。从 1G 跨入 2G 是从模拟调制进入数字调制。相比第一代移动通信，第二代移动通信具备高度的保密性，系统的容量也在增加。同时，从这一代开始，手机也可以上网了。2G 的声音品质较佳，比 1G 多了数据传输的服务，数据传输速度为 9.6 ～14.4 kb/s，最早的文字简讯也从此开始。GSM（Global System for Mobile Communication）是第一个商业运营的 2G 系统，GSM 采用 TDMA 技术。

3G 是移动多媒体通信系统，提供的业务包括语音、传真、数据、多媒体娱乐和全球无缝漫游等。NTT 和爱立信 1996 年开始开发 3G（ETSI 于 1998 年）。1998 年，国际电联推出 WCDMA 和 CDMA2000 两种商用标准。目前 3G 分为 4 种标准制式，分别是 CDMA2000、

WCDMA、TD-SCDMA、WiMAX。3G 最吸引人的地方在于高达 384 kb/s 的传输速度，在室内稳定环境下甚至有 2 Mb/s 的水准。其中，时分同步码分多址（Time Division-Synchronous Code Division Multiple Access，TD-SCDMA）是由我国提出的标准，这在我国通信发展史上是一个重要的里程碑。

4G 是真正意义的高速移动通信系统，理论上能够以 100 Mb/s 的速度下载，上传的速度也能达到 20 Mb/s。网速是 3G 的 50 倍，实际体验也都在 10 倍左右，上网速度可以媲美 20 Mb/s 家庭宽带，因此 4G 网络具备非常流畅的速度，可以观看高清电影，大数据传输速度也非常快，只是资费是一大问题。4G 支持交互多媒体业务、高质量影像、3D 动画和宽带互联网接入，是宽带大容量的高速蜂窝系统。该技术包括 TD-LTE 和 FDD-LTE 两种制式。

5G 呈现低时延、高可靠、低功耗的特点，就目前规划来看，5G 与 4G、3G、2G 有所不同，其并不是一个单一的无线接入技术，也不是几个全新的无线接入技术，而是多种新型无线接入技术和现有无线接入技术（4G 后向演进技术）集成后的解决方案总称。5G 需求已扩大到物联网领域。

六、卫星通信网

1.卫星通信网的基本组成

卫星通信是指利用人造地球卫星作为中继站来转发或反射无线电波，在两个或者多个地球站之间进行的通信。根据通信卫星与地面之间的位置关系，可以分为静止通信卫星（或同步通信卫星）和移动通信卫星。静止通信卫星是轨道在赤道平面上的卫星。他的高度是 35780 km，采用 3 个相差 120° 的静止通信卫星就可以覆盖地球的绝大部分地区（两极盲区除外）。

卫星通信实质是微波中继技术和空间技术的结合。一个卫星通信系统是由空间分系统、地球站群、跟踪遥测及指令分系统和监控管理分系统 4 大部分组成

（1）空间分系统

空间分系统即通信卫星，通信卫星内的主体是通信装置，另外还有星体的遥测指令、

控制系统和能源装置等。通信卫星的作用是进行无线电信号中继，最主要的设备是转发器（微波收、发信机）和天线。一个卫星通信装置可以包括一个或者多个转发器。它把来自一个地球站的信号经接收、变频和放大后转发给另一个地球站，这样就实现了信号在地球站之间的传输。

（2）地球站群

地球站群一般包括中心站和若干个普通地球站。中心站除具有普通地球站的通信功能外，还负责通信系统中的业务调度与管理，对普通地球站进行监测控制，以及业务转接等。地球站具有收、发信功能，用户通过它们接入卫星线路，进行通信。地球站有大有小，业务形式也多种多样。一般来说，地球站的天线口径越大，发射和接收能力越强，功能也越强。

（3）跟踪遥测及指令分系统

跟踪遥测及指令分系统也称为测控站，他的任务是对卫星跟踪测量，控制卫星准确进入静止轨道上的指定位置；待卫星正常运行后，定期对卫星进行轨道修正和位置保持。

（4）监控管理分系统

监控管理分系统也称为监控中心，它的任务是对定点卫星在业务开通前、后的通信性能（如卫星转发器功率、卫星天线增益以及各地球站发射功率）进行监测和控制，并对射频频率和带宽、地球天线方向图等基本通信参数进行监控，以保证正常通信。

2.卫星通信的特点

与其他通信技术相比，卫星通信技术有着与众不同的特点。

（1）覆盖区域大，通信距离远。一颗同步卫星可以覆盖地球表面1/3的区域。因而利用三颗同步卫星可实现全球通信。它是远距离越洋通信和电视转播的主要手段。

（2）具有多址连接能力。在通信卫星所覆盖的区域内，四面八方所有地面站都能利用这一卫星进行相互间的通信。卫星通信的这种能同时实现多方向、多地面站之间的相互联系的特性被称为多址连接。

（3）频带宽，通信容量大。卫星通信采用微波频段，传输容量主要是由终端站决定的，即取决于卫星转发器的带宽和发射功率，而一颗卫星可以设置多个转发器，因此通信容量很大。

（4）通信质量好，可靠性高。卫星通信的电波主要在自由（宇宙）空间传播，电波传播十分稳定，而且通常只经过卫星一次转播，其噪声影响较小，通信质量好，可靠性达99.8%以上。

（5）通信机动灵活。卫星通信系统的建立不受地理条件的限制，地面站可以建立在边远山区、海岛、汽车、飞机和舰艇上。

（6）通信成本与通信距离无关。地面微波中继或光纤通信系统，其建设投资和维护使用费用都随距离而增加。而卫星通信的地面站至空间转发器这一区间并不需要投资，因此线路使用费用与通信距离无关。

（7）其他特点。一是由于通信卫星的一次投资费用较高，在运行中难以进行检修，故要求通信卫星具备高可靠性和较长的使用寿命；二是卫星上资源有限，卫星的发射功率只能达到几十到几百瓦，因此要求地面站有大功率发射机，低噪声接收机，和高增益天线；三是由于卫星通信传输距离很长，信号传输的时延较大，在通过卫星打电话时，有大约540 ms 的延时，通信双方会感到很不习惯。

卫星通信作为一种重要的通信方式，曾因陆地光缆通信发展受到较大的冲击，但是到20世纪90年代中后期，由于卫星通信技术的迅速发展，再加上卫星通信本身具有通信容量较大、广播式传送、接入方式灵活及应用的业务种类多等特点，使得它在互联网、宽带多媒体通信、卫星电视广播等方面得到了广泛应用。

前面介绍的各种通信网是网络数据传输的重要组成部分，局域网的公共数据传输同样也基于这些通信网。

第二节　广域网

一、广域网的构成

当计算机之间的距离较远时，例如距离几十千米或更远时，局域网就无法完成计算机之间通信任务了。这时需要借助另一种结构的网络，即广域网。广域网（Wide Area Network，WAN）是一种跨地区或国界的数据通信网络，它包含运行应用程序的机器的集合。

从一般意义上讲，广域网是由一些节点交换机（又称通信控制处理机）和连接这些交换机的链路（通信线路和设备）组成的。广域网是由许多通信技术构成的复合结构，这些技术有的是标准的，有的是专用的。所以广域网是公共网络或专用网络。广域网采用了许多新兴的通信技术，如 ATM、帧中继、SDH/PDH 等。目前，一个实际的网络系统常常是局域网、城域网和广域网的集成，三者之间在技术上也在不断融合。

由于广域网的投资成本高，覆盖地理范围广，一般由国家或有实力的电信公司出资建造，甚至由多个国家联合组建。广域网一般向社会公众开放，因而又被称作公共网络（Public Data Network，PDN）。

二、广域网的特点

广域网区别于其他零星的网络的特点如下。

1.网络的覆盖和速率范围大

广域网的覆盖和作用范围很宽广。一般其跨度超过 100 km，所采用的传输介质、数据传输速率与网络应用和服务性质有密切的关系。例如，有的广域网直接租用电话网的低速网，速率在 9600 b/s 左右；有的依托 DDN 线路的中速网，速率为 64 kb/s～2.048 Mb/s；也有的采用光纤专门构造的 ATM 网作为高速网，速率在 155 Mb/s 以上。中、低速网一般只适合中小规模的用户集团之间纯数据业务的应用，而高速网适合大规模用户集团、综合业务或多媒体的应用服务。

2.网络组织结构形式复杂

广域网的作用和服务的对象是在大面积范围内随机分布的大量用户系统，要把这些用户组织在一个网络中，简单的网络拓扑结构是不适用的，基本上都是采用网状或网状与其他拓扑形式的组合结构。

3.具有多功能用途的综合服务能力

广域网具有多样化业务类型和信息结构特点。目前高速数据服务和国家信息化程度日益增长，使得一个地区或国家的广域网必然是多功能多用途的网络系统，这与城域网的情况有些类似。因此，广域网的多种用途主要体现在以下几个方面。

（1）跨城跨地区的局域网之间的连接。

（2）大型主机和密集用户集团之间的连接。

（3）为远程服务系统提供传输通道。

（4）提供与 Internet 的网际接口或作为接入网服务提供远程线路。

（5）提供区域范围内的宽带综合业务等。

4.多采用转接信道的交换类型传输制式

广域网一般采用网状拓扑结构，以及通过交换节点来转接信道的存储—转发传输方式（分组交换）。在这种交换型网络中，一条端到端的数据通路由多段链路串接而成，信道的带宽资源被分段共享（复用方式），数据的传输则是逐段进行的，这方面与局域网和城域网有很大的差别。

三、广域网提供的服务

广域网的主要功能是实现远距离的数据传输，因此一般用于主机之间或网络之间的互连，它实现了网络层及其以下各层的功能，并向高层提供面向非连接的网络服务或面向连接的网络服务

数据报服务的特点是主机可以随时发送分组（数据报），网络为每个分组独立地选择路由。并尽力而为地将分组交付目的主机，但是对源主机网络不保证所传送的分组没有丢失，不保证按照源主机发送分组的先后顺序将分组交给目的主机，也不保证在某个时限内肯定能将分组交付给目的主机。简言之，数据报服务是不可靠的，它不能提供服务质量，是一种"尽最大努力交付"的服务。

数据报服务在源主机和目的主机之间没有建立传输通道，因此报文中必须携带源主机和目的主机的地址，此时广域网中的节点交换机必须能够根据报文中的目的主机地址选择合适的路径来转发报文。

虚电路服务的思路源于传统的电信网，有永久虚电路和交换虚电路之分。拥挤虚电路

由电信运营商设置，一旦设置将长期存在；交换虚电路由两个主机通过呼叫控制协议建立，在完成当前传输后即拆除。虚电路和物理电路最大的区别在于虚电路只给出了两个主机的信息流，仍然可以共享通道上物理链路的带宽。

虚电路建立后，网络中的两个主机之间就好像有一对贯穿网络的数字通道，发送与接收各用一条，所有的分组都按发送顺序进入管道，然后按照先进先出的原则沿着该管道传送到目的主机。因为是全双工通信，所以每条管道只沿着一个方向传输分组。相应地，到达目的主机的分组顺序与发送的顺序一样。因此，虚电路对于通信服务质量（QoS）能提供较好的保证。数据报服务和虚电路服务的优缺点可以归纳为以如下几点。

（1）采用虚电路时，交换设备（如路由器）需要维护虚电路的状态信息；采用数据报方式时，每个数据包都必须携带完整的源地址和目的地址，浪费了带宽。

（2）在连接建立时间与地址查询时间的权衡方面，虚电路在建立连接时需要花费时间，数据报则在每次路由时的过程较复杂。

（3）虚电路方式很容易保证服务质量，适用于实际操作，但比较脆弱；数据报不太容易保证服务质量，但是对通信线路故障的适应性强。

第三节　接入技术

一、接入网的概念

公用电信网络至今已有 100 多年的历史，它是一个几乎可以在全球范围内向住宅和商业用户提供接入的网络。随着通信技术的飞速发展和新的用户要求的提出，电信业务也从传统的电话、电报业务向视频、数据、图像、语言、多媒体等非话音业务方向拓展，使电信网络的规模和结构都变得更大和更复杂。为此，ITU-T 现已正式采用用户接入网（以下简称接入网）的概念，并在 G.902 中对接入网的结构、功能、接入类型、管理等方面进行了规范，以促进对这一问题的研究和解决。例如，对于 Internet 来说，任何一个家庭用的计算机、机关企业的计算机都必须连到本地区的主干网，才能通过地区主干网、国家级主干网与 Internet 相连。可以形象地将家庭、机关和企业用户计算机接入本地区主干网的问题叫作信息高速公路中的"最后一千米"问题，解决最终用户接入地区性网络的技术就是接入网技术。

传统上公用电信网络被划分为 3 个部分：长途网（长途端局以上部分）、中继网（长途端局与市局或市局之间的部分）和用户接入网（端局于用户之间的部分）。而现在通常将长途网和中继网合在一起称为核心网（Core Network，CN）或骨干网，其他部分称为接入网（Access Network，AN）或用户环路。

1."全程全网"结构

按照服务范围、网络拓扑和接入逻辑，可把现在通信网的"全程全网"划分为核心网（骨干网）、接入网和用户驻地网。

核心网是由宽带、高速骨干传输网和大型交换节点构成，包括传输网和交换网两大部分。用户驻地网（Customer Premises Network，CPN）一般是指用户终端至用户-网络接口（UNI）所含的设备，由完成通信和控制功能的用户布线系统组成，以使用户终端可以灵活方便地进入接入网。接入网按照 ITU-TG.902 定义，是由业务节点接口（SNI）和用户-网络接口（UNI）之间的一系列传送实体（如由网络和传输设备等组成）为通信业务提供所需传送能力的系统，可经由管理接口（Q3）配置和管理。它是在本地局与用户设备间的信息传送实时系统，可以部分或全部替代传统的用户本地线路，含复用、交叉连接和传输功能。

2.接入网的接口定界

ITU-TG.902 对接入网所覆盖的范围由 3 种接口来定界。用户侧由用户-网络接口（UNI）与用户（或用户驻地网）相连，网络侧经由业务节点接口（SNI）与业务节点（SN）相连，而管理侧则是通过 Q3 接口与电信管理网（Telecommunication Management Network，TMN）相连。业务节点是提供业务的实体，以交换业务而言，提供接入呼叫和连接控制信令，以及接入连接和资源管理。按不同业务的接入类型，业务节点可以是本地交换机、IP 路由器或特定的视频点播（VOD）设备等。一般接入网对其所支持的 UNI 和 SNI 的类型与数目并不做限制，允许接入网与多个业务节点相连，以确保接入网可灵活地按需接入不同类型的业务节点。

不同的 UNI 支持不同的业务，如模拟电话、数字或模拟租用线业务等。顺便指出，对于 PSTN 而言，ITU-T 尚未建立通用的 UNI 综合协议，故而 UNI 目前只能采用相关网商的标准。

SNI 可分为支持单一接入的 SNI（如 V5 系列接口）和综合接入的 SNI（如 ATM 接口）。

维护管理接口（Q3）是电信管理网与电信网各部分的标准接口。接入网作为电信网的一部分，也应通过 Q3 接口与 TMN 相连，以便于 TMN 实施管理功能。

二、接入网的接口技术

1.接入网的功能模型

接入网不解释（用户）信令，具有业务独立性和传输透明性的特点。为了充分利用网络资源，既能经济地将现有各种类型的用户业务综合地介入业务节点，又能对未来接入类型提供灵活性，ITU-T 提供了功能性接入网概貌的框架建议（G.902）。接入网的功能模型由业务节点接口（SNI）和用户-网络接口（UNI）之间一系列的传送实体组成。

接入网有 5 个接入模块，分别是用户接口功能模块、核心功能模块、传输功能模块、业务接口功能模块及管理功能模块。

（1）用户接口功能模块

用户接口功能模块可将特定 UNI 的要求适配到核心功能模块和管理模块。其功能包括终结 UNI 功能、A/D 转换和信令转换（但不解释信令）功能、UNI 的激活和去活功能、UNI 承载通路/承载能力处理功能、UNI 的测试功能和用户接口的维护、管理、控制功能。

（2）核心功能模块

核心功能模块位于用户接口功能模块和业务接口功能模块之间，承担各个用户接口承载体或业务接口承载体要求进入公共传送载体的职责。其功能包括进入承载通路的处理能力、承载通路的集中功能、信令和分组信息的复用功能、ATM 传送承载通路的电路模拟功能、管理和控制功能。

（3）传输功能模块

传输功能模块在接入网内的不同位置为公共承载体的传送提供通道和传输媒介适配。其功能包括复用功能、交叉连接功能（包括疏导和配置）、物理媒质功能、管理功能等。

（4）业务接口功能模块

业务接口功能模块将特定 SNI 定义的要求适配到公共承载体，以便在核心功能模块中加以处理，并选择相关的信息用于接入网中管理模块的处理。其功能包括终结 SNI 功能，将承载通路的需要、应急的管理和操作需要映射到核心功能，特定 SNI 所需的协议映射功能，SNI 的测试和业务接口的维护、管理、控制功能。

（5）系统管理功能模块

系统管理功能模块通过 Q3 接口或中介设备与电信管理网接口，协调接入网各种功能的提供、运行和维护，包括配置、控制、故障检测和指示、性能数据采集等。同时具有 SNI（业务节点接口）协议和 SNI 操作功能，UNI 协议和用户终端的操作功能。

2.接入网的接口技术

新技术和新业务在接入网的应用中，促使用户终端和交换机系统发生了很大的变化，这些变化集中体现在接网的界定接口上。接入网根据各种类型的业务从用户端接入各个电信业务网，在不同的配置下，接入网有不同的接口类型。

接入网用户侧的用户-网络接口（UNI）支持模拟电话、ISDN 接入、无线通信接入等。用户网络中的 Z 接口用于传输 300～3400 Hz 模拟音频信号，T 接口用于传输数据和视频信号。

接入网业务侧的业务节点接口（SNI）将各种用户业务与交换机连接，交换机的用户接口有模拟接口（Z 接口）和数字接口（V 接口）。其中的 V 接口是指符合 ITU-T V.5 建议的接口。V.5 接口是数字传输系统和程控交换机结合的新型数字接口，以取代交换机原有的模拟接口和各种专线及 ISDN 用户接口，为数字技术在接入网的应用提供了新的标准接口。

V5 接口是目前比较成熟的一种用户信令和用户接口，它用统一的标准实现了数字用户的接入，能支持公用电话网、ISDN（窄带）、帧中继、分组交换、DDN 等业务。ITU-T

已通过支持窄带业务（≤2 Mb/s）的 V5.1 和 V5.2 接口建议（G.964 和 G.965），制定了支持带宽业务（传输速率＞2 Mb/s）的 V5.B 接口技术规范。我国以 ITU-T 的 G.964 和 G.965 建议为主要依据，编制了《本地数字交换机和接入网之间的 V5.1 接口技术规范》和《本地数字交换机和接入网之间的 V5.2 接口技术规范》。V5.3 接口支持 SDH 接入交换机侧，速率为 155.52 Mb/s 和 622.08 Mb/s，还适用于光纤传输系统（FTTH 系统）和金属传输线系统（速率为 1.5 Mb/s、2 Mb/s、51.84 Mb/s），同时支持窄带 ISDN 的基本用户系统。

三、接入网的特点与分类

1.接入网的特点

由于在电信网中的位置和功能不同，接入网相对核心网而言，其环境、业务量密度，以及技术手段等均有很大差别。

接入网的用户线路在地理上星罗棋布，建设投资一般比核心网大，在传送内容上图像等高速数据与语音等低速数据并存，传送方式上固定或移动各有需求。接入网业务种类多、组网能力强、网络拓扑结构多样，但一般不具备交换功能，网径大小不一，线路施工难度大，其主要特点如下。

（1）综合性强。接入网是迄今为止综合技术种类最多的网络。例如，仅传送部分就综合了 SDH、PON、ATM、HFC 和各种无线传送技术等。

（2）直接面向用户。接入网是一个直接面向用户的敏感性很强的网络。例如，其他网络发生问题时，用户可能还感觉不到，但接入网发生问题，用户肯定能感觉到。

（3）和其他网络关系密切。接入网是和其他业务网关系最为密切的网络，它是本地电信网的一部分，和本地网的其他部分关系密切。

（4）发展速度快。接入网是一个快速变化发展的网络，可用于接入网的新技术将不断出现，特别是宽带方面的技术发展更快。因此对接入网的认识、利用和建设方法都存在一个变化过程。

（5）适应性要求高。接入网是一个对适应性要求较高的网络。比起其他网络，接入网对各方面适应性的要求都较高。例如，容量的范围、接入带宽的范围、地理覆盖的范围、接入业务的种类、电源和环境的要求等，这些在其他业务网中可能不存在的问题，在接入网中都可能成为问题。

此外，接入网的情况相当复杂，已有的体制种类繁多，如电信部门的铜缆话路通信模式、有线电视的同轴电缆单向图像通信模式，以及蜂窝通信的移动通信模式等。如今核心网已逐步形成以光纤线路为基础的高速信道，国际权威专家把宽带综合信息接入网比作信息高速公路的"最后一千米"，并认为它是信息高速公路中难度最大、耗资最多的一部分，是信息基础建设的"瓶颈"。

接入网是电信网的重要组成部分，其发展正日益受到各国的重视。其目标就是建立一种标准化的接口方式，用一个可监控的接入网络，为用户提供话音、文本、图像、有线电视等综合业务。

2.接入网的分类

接入网研究的重点是围绕用户对话音、数据、视频等多媒体业务需求的不断增长，提供具有经济优势和技术优势的接入技术。接入网的分类方法多种多样，可以按传输介质、拓扑结构、使用技术、接口标准、业务带宽、业务种类等进行分类。

接入网根据用户、网络接入方式可分为有线接入（铜线接入）、无线接入、以太网接入、光纤接入等。以上这些接入方式既有窄带的，也有宽带的。其中宽带无线接入及光纤接入是未来接入网络技术的两个发展方向。

（1）有线接入方式

有线接入方式是在原有铜质导线的基础上通过采用先进的数字信号处理技术来提高传输容量，从而提供多种业务的接入。主要包括用普通 Modem 经公用电话网拨号接入、ISDN 用户线路接入、x 数字用户线（xDSL）接入，以及通过 X.25 分组交换网、数字数据网（DDN）、帧中继网（FR）的专线接入，也可以使用电缆调制解调器（Cable-Modem）经有线电视网络接入等。

（2）无线接入方式

无线接入是指接入网的某一部分或全部使用无线传输媒体，向用户提供移动或固定接入服务的技术。无线接入系统主要由用户无线终端（SRT）、无线基站（RBS）、无线接入交换控制器以及固定网的接口网络等部分组成。其基站覆盖范围分为 3 类：大区制为 5～50 km，小区制为 0.5～5 km，微区制为 50～500 m。无线接入网技术按照通信速率可以分为低速接入和高速接入，采用超短波、微波、毫米波及卫星通信等多种传输手段和点对点、一点多址、蜂窝、集群、无绳通信等多种组网技术体制，可以构成多种多样的应用系统。

（3）以太网接入方式

如果有光纤铺设到办公大楼或居民小区，那么采用以太网接入方式最为方便和优越，一般采用 5 类非屏蔽双绞线作为接入线路。目前，大部分商业大楼都进行了综合布线，而且将以太网接口安装到桌上和墙脚，给用户提供了较好的宽带接入手段。它能给每个用户提供 10/100 Mb/s 的接口速率，能够满足用户接入的需要。以太网接口具有高带宽和低成本的特点，是一种很有前途的宽带接入方式。

（4）光纤接入方式

光纤通信具有通信容量大、质量高、性能稳定、防电磁干扰、保密性强等优点，在干线通信中，光纤扮演着重要角色。现在光纤相对于有色金属导线来说是如此的"便宜又好用"，因此光纤接入（Fiber To The X，FTTx）作为新一代宽带解决方案被广泛应用，为用户提供高带宽、全业务的接入平台。

根据光纤网络单元（Optical Network Unit，ONU）的位置，光纤接入可分为光纤到路边（FTTC）、光纤到大楼（FTTB）、光纤到家（FTTH）等几种。ONU 的功能是处理光信号并为用户提供接口。ONU 需要完成光/电转换，并处理话音信号的模/数转换、复用、信令，实现维护管理。其中，FTTH（Fiber To The Home，光纤到家）是最理想的业务透明网络，是接入网发展的最终方式。

第四节　Internet 接入技术

Internet 的接入可分为拨号接入方式、专线接入方式和无线接入方式 3 种。通常拨号接入的方式适用于小型子网和个人用户；专线接入方式适合中型子网；无线接入方式适合在城市和市郊进行中远距离联网。

一、拨号接入

拨号入网是一种利用电话线和公用电话网（PSTN）接入 Internet 的技术。

1.PSTN 拨号接入

PSTN 拨号接入方式是用户利用一条电话线和普通的 Modem，再向 ISP 申请一个账号，即可接入互联网。其基本原理是将用户计算机的数字信号通过调制解调器（Modem）转换为模拟信号，然后通过电话线进行传输，最后经过 ISP 接入服务器和接入 Internet。这种接入方式的速率在理论上最高只能达到 56 kb/s，不能满足宽带多媒体信息传输的需要，且随着 PSTN 的没落而逐渐被淘汰。

2.窄带 ISDN 拨号接入

窄带综合业务数字网（ISDN）接入技术俗称"一线通"，能在一根普通电话线上提供语音、数据、图像等综合业务。它可以提供一条全数字化的连接，其中两个 64 kb/s 的 B 信道用于通信，用户可同时在一条电话线上上网和打电话，或者以最高为 128 kb/s 的速率上网，当有电话打入和打出时，可以自动释放一个 B 信道，接通电话。随着 DSL 接入的普及，这种接入方式也很少使用了。

3.ADSL 拨号接入

不对称数字用户线（Asymmetrical Digital Subscriber Line，ADSL）是 20 世纪 90 年代提出的一种通过现有普通电话线为家庭、办公室提供宽带数据传输服务的技术。所谓"不对称"是指上行方向和下行方向的信息速率是不对称的。理论上，它能够在普通电话线上提供高达 8 Mb/s 的下行速率和 1 Mb/s 的上行速率，传输距离达 3～5 km。ADSL 技术的主要特点是可以充分利用现有的电话线网络，在线路两端加装 ADSL 设备即可为用户提供宽带接入服务。

在访问 Internet 时，用户主要是从网上下载信息，一般用户传送给 Internet 的信息并不多，因此不对称传输带宽并没有妨碍 ADSL 作为用户网和公共交换网的接入线路。

ADSL 所支持的主要业务包括 Internet 高速接入服务，多种宽带多媒体服务［如视频点播（VOD）、网上音乐厅、网上剧场、网上游戏、网络电视等］，提供点对点的远地可视会议、远程医疗、远程教学等服务。

ADSL 适用于人口密度大，高层建筑多，网络节点密集的地段，具有系统结构简单、使用维护方便和性价比高等特点。但 ADSL 标准中规定的速度仅是一个推荐值，在实际应用中，用户能达到的速率与线路的长度、线径、质量以及电信局的资费政策有关。

数字用户线路（Digital Subscriber Line，DSL）是以铜电话线为传输介质的点对点传输技术，包括 HDSL、SDSL、VDSL、ADSL、RADSL 等，一般称之为 xDSL，其中 ADSL 应用较为广泛，是最具前景及竞争力的一种传输技术。

DSL 不要求对数字数据进行模拟转换，数字信号仍作为数字数据传送到计算机，这使电信公司可以将更大带宽用于用户数据传输。同时，只要需要，还可以将信号分离，将一部分带宽用于传输模拟信号，这样就可以在一条线路上同时使用电话和计算机。

xDSL 技术是一种点对点的接入技术，实施灵活方便。它是设计用来在普通电话线上传输高速数字信号，以双绞线为传输介质的传输技术组合，其中 x 代表不同种类的数字用户线路技术，包括非对称（ADSL、RADSL、VDSL）技术和对称（HDSL、SDSL）技术。各种数字用户线路技术的不同之处主要表现在信号的传输速率、距离，以及对称或非对称速率的区别上。总体来讲，拨号接入具有价格便宜、可随时连接网络、随时断开连接、能够根据联网时间计费等特点。

当前，随着全光网的普及，DSL 技术注定要被淘汰，但目前尚占据相当大的市场份额。

二、专线接入

专线接入方式主要有 LAN 接入、有线电视网接入和无源光网络（光纤）接入等。

1.有线电视网接入

有线电视（Cable Television，CATV）和混合光纤同轴电缆（Hybrid Fiber Coax，HFC）是一种电视电缆技术。CATV 网络是由广电部门规划设计的用来传输电视信号的网络，其覆盖面广，用户多。但有线电视网是单向的，只有下行信道，如果要将有线电视网应用于 Internet 业务，则必须对其改造，使之具有双向功能。

HFC 网络是在 CATV 网络的基础上发展起来的，除可以提供原 CATV 提供的业务外，还能提供数据和其他交互型业务。HFC 是对 CATV 的一种改造，在干线部分用光纤代替同轴电缆作为传输介质。CATV 和 HFC 的一个主要区别是 CATV 只传送单向电视信号，而 HFC 提供双向宽带传输。

电缆调制解调器（Cable Modem，CM）是一种通过有线电视网络进行高速数据接入的设备，通常有 3 个接头，一个接有线电视插座，另一个接计算机，剩下一个接普通电话。大部分 Cable Modem 是外置式的，通过标准 10 BASE-T 以太网卡和双绞线与计算机相连。计算机和 LAN 通过 Cable Modem 接入 Internet。

Modem 一般用来描述电话调制解调器，Modem 的功能是调制（Modulates）信号和解调（Demodulates）信号。而 Cable Modem 的功能却不限于此。它实际上是一系列的功能复合体，包含调制解调器、转换器、NIC 和 SNMP 代理。

2.LAN 接入

目前，采用局域网（LAN）接入 Internet 的方式比较普遍。特别是随着以太网技术的飞速发展，在光纤已经到小区或大楼的前提下，人们开始考虑将它作为高速宽带接入的一个首选方案。

基于以太网技术的宽带接入网由局侧设备和用户设备组成。局侧设备一般位于小区内，用户侧设备一般位于居民楼内。局侧设备提供与 IP 骨干网的接口，用户侧设备提供与用户终端计算机相接的 10/100 BASE-T 接口。局侧设备具有汇聚用户侧设备网管信息的功能。例如：FTTx+LAN 方案以以太网技术为基础，可用于建设智能化的园区网络，在用户家中安装以太网 RJ45 信息插座作为接入网络的接口，可提供 10/100 Mb/s 的网络速率。通过 FTTx+LAN 接入技术能够实现"1000 Mb/s 到小区、100 Mb/s 到居民大楼、10 Mb/s 到桌面"，为用户提供信息网络的高速接入。

以太网接入具有性价比高、可扩展性强、容易安装开通以及高可靠性等特点，现已成为企事业单位和个人用户接入的主要方式之一。

此外，还可以采用宽带路由器接入方式。宽带路由器是专门为宽带接入用户提供共享访问的互联网产品，集成了路由器、防火墙、带宽控制和管理等功能，具备快速转发能力，灵活的网络管理和丰富的网络状态等特点。

宽带路由器一般具备 1 个甚至 2～4 个 WAN 接口，能自动检测或手工设定宽带运营商的接入类型，可支持 ADSL Modem、Cable Modem 的以太网接入 Internet，也支持以太网直接连接小区宽带。

3.光纤接入

根据接入网室外传输设施中是否含有源设备，有源光网络（Active Optical Network，AON）和光纤接入网分为无源光网络（Passive Optical Network，PON）。

AON 是指从局端设备到用户分配单元之间采用有源光纤传输设备，即光电转换设备、有源光器件以及光纤等。该接入方式的一种形式是光纤到远端单元（FTTR）：从交换机通过光纤用 V5 接口连接远端单元，再经过铜线分配到各用户。这种网络中以光纤代替原有的铜线主干网，提高了复用率，同时采用 V5 接口又省去了数模转换设备。当距离较长时，这种结构的成本反而低于铜线线路的成本，但是这种网络为每个用户提供的带宽有限，不能适应高速业务的需要。有源光纤网络的另外一种形式是有源双星结构 FTTC（ADS-FTTC），该结构中采用有源节点可以降低对光器件的要求，但初期投资较大，且存在供电、维护等问题。

PON 是指光传输段采用无源器件，实现点对多点拓扑的光纤接入网，该方式接入采用无源光分路器将信号分送至用户。由于采用无源分路器所以初期投资较小，大量的费用将在所有带宽业务发展以后支出，但必须采用性能较好、带宽较宽的光设备。

目前，光纤接入网几乎都采用 PON 结构，PON 成为光纤接入网的发展趋势，其接入设备主要由光纤路终端、ONT、ONU 组成，由无源光分路器 OLT 的光信号分到树形网络的各个 ONU。一个 OLT 可接多个 ONT 或 ONU，一个 ONT 或 ONU 可接多个用户。PON 技术从 20 世纪 90 年代开始发展，ITU（国际电信联盟）从 APON（155 M）开始，发展 BPON（622 M），以及到 GPON（2.5 G）；同时在 21 世纪初，由于以太网技术的广泛应用，IEEE 也在以太网技术上发展了 EPON 技术。目前，用于宽带接入的 PON 技术主要有 EPON 和 GPON，两者采用不同标准。未来会发展出更高带宽，如 EPON/GPON 在技术上发展出 10 G EPON/10 G GPON，带宽得到了更高的提升。

目前，在实际的 FTTx 应用场景中，大多数 EPON/GPON 只配置了以太接口，可选配 POTS 和 2 M 接口。但从技术标准要求上，EPON/GPON 均可实现 IP 业务和 TDM 业务等多业务接入，并可实现 QoS 分类。

EPON/GPON 均可传递时钟同步信号，可通过 OLT 的 STM-1 接口或 GE 接口，从外部线路中提取频率同步信号，此时 OLT 需要支持同步以太网，也可以在 OLT 设备上从外部 BITS 输入时钟信号，作为该 PON 的公共时钟源，ONU 与该时钟源保持频率同步。

三、无线接入

无线接入技术是指接入网的某一部分或全部使用无限传输媒体，向用户提供移动或固定接入服务的技术。无线接入与任何其他接入方式相类似，同时必须有无线接入网公共设施。无线接入网对实现通信网的"5 个 W"意义重大，即要保证任何人（Whoever）随时（Whenever）随地（Wherever）都能同任何人（Whoever）实现任何方式（Whatever）的通信。无线接入要求在接入的计算机上插入无线接入网卡，得到无线接入网 ISP 的服务，便可实现互联网的接入。

无线接入技术按照使用方式可以分为两种。一种是固定接入方式，如利用微波、卫星和短波的接入形式等。微波接入的典型方式是建立卫星地面站，租用通信卫星的信道与上级 ISP 通信，其单路最高速率为 27 kb/s，可以多路复用，其优点是不受地域限制。卫星通信传输技术是利用卫星通信的多址传输方式，为全球用户提供大范围和远距离的数据通信。与微波技术类似，利用专用的设备也可以接入 Internet，且接入速率和距离都比较理想，但是由于微波有绕射力，所以这种技术适合用于在城市及市郊的中远距离联网。在固定接入方式中，以本地多点分配业务（Local Multipoint Distribution Service，LMDS）为代表的宽带无线固定接入技术是近年来新兴的无线接入技术，其越来越受到广泛关注。

在 LMDS 接入方式中，一个基站可覆盖大约 2～10 km 的区域，其工作频段在 24～31 GHz，可用带宽为 1 GHz 以上，可在较近的距离双向传输话音、数据、图像等信息。它的出现大大缓解了目前接入网环境带宽不足的问题。LMDS 将点对多点微波通信（PMP）技术和 ATM 技术有效结合，采用快速动态容量分配（FDCA）的 TDM/TDMA 技术，可以动态地为每个用户提供高达 37 Mb/s 的瞬时速率。

LMDS 采用一种类似蜂窝的服务区结构，将一个需要提供业务的地区划分为若干服务区，每个服务区内设基站，基站设备经点到多点无线链路与服务区内的用户端通信。每个服务区覆盖范围为几千米至十几千米，并可相互重叠。

LMDS 可支持的业务主要面向商业用户和集团用户，适用于业务量集中和用户群集中的地区。目前，可提供的业务类型包括高质量话音业务、高速数据业务、模拟和数字视频业务、Internet 接入业务等。

另一种是移动接入方式，如利用手机上网可以进行网页浏览、收发电子邮件等常规的 Internet 服务外，还可以发送短消息、下载铃声和屏保等。由于移动通信技术的快速发展，手机上网的速度由传输速率约 9.6 kb/s（GSM）、115 kb/s（GPRS）、163 kb/s（CDMA），发展到现在利用 TD-SCDMA、WCDMA、CDMA2000 等 3G 网络联网进入 Internet，移动 TD-SCDMA 下行理论峰值是 2.8 Mb/s。

无线保真（Wireless Fidelity，Wi-Fi）接入方式采用 2.4 GHz 波段，最高带宽为 11 Mb/s，在信号较弱或有干扰的情况下，带宽可调整为 5.5 Mb/s、2 Mb/s、1 Mb/s，以保障网络的稳定性和可靠性。Wi-Fi 技术与蓝牙技术一样，同属于在办公室和家庭中使用的短距离无线技术，该技术突出的优势在于无线电波的覆盖范围广，传输速度比较快，厂商进入该领域的门槛比较低，因而目前应用也较为广泛。

四、几种接入方式的比较

如果用户想使用 Internet 所提供的服务，首先必须将自己的计算机接入 Internet，然后才能访问 Internet 中提供的各类服务与信息资源。网络接入技术是指计算机主机和局域网接入广域网技术，即用户终端与 ISP 的互联技术，也泛指"三网"融合后用户的多媒体业务接入技术。这与电信网体系结构中的接入网既有概念上的不同，又有技术上的联系。例如，美国拥有完整的 CATV 网和庞大的铜缆资源，在网络接入技术应用方面就充分考虑了发挥现有设施和资源的作用，目前已有想当数量的 CATV 改造为双向传输网络。在欧洲，数字用户线方式已得到广泛应用，面向全业务的无源光网络技术开始进入实用推广阶段，但是在"最后一千米"仍倾向于使用 ADSL 和 VDSL 技术。

从各种网络接入技术本身的特点来看，它们分别有着不同的应用场合和前景。目前，用户可以选择的 Internet 接入方式有 PSTN 模拟接入、ISDN 接入、ADSL 接入、Cable Modem 接入、DDN 和 X.25 租用线接入及卫星无线接入等。PSTN、ISDN 和 ADSL 接入都是基于电话线路的，而 Cable Modem 接入则是基于有线电视 HFC 线路的。PSTN 模拟接入速率低，ISDN 尽管可以达到 128 kb/s，但也没有成为主流的接入方式。DDN 和 X.25 租用线接入及卫星无线接入费用高昂，非个人用户所能接受。

用户在选择 Internet 接入方式时，可以从带宽、抗干扰能力、网络基础、国际标准等几个方面进行比较。

第六章　智能控制的集成技术

随着计算机网络、通信、人工智能、专家系统、智能数据库、多媒体、神经网络、遗传算法、神经模糊理论、智能控制、机器人技术的不断发展，尤其是神经网络理论的深入广泛渗透，智能控制的集成技术得到了发展。

第一节　模糊神经网络控制

典型的神经元函数通常是由一个神经元输入函数和激励函数组合而成的。神经元输入函数的输出是与其相连的有限个其他神经元的输出和相连接系数的函数，通常可表示为

$$\text{Net} = f\left(u_1^k, \ u_2^k, \ \cdots, \ u_p^k, \ w_1^k, \ w_2^k, \ \cdots, \ w_p^k\right)$$

式中，上标 k 表示所在的层次；u_i^k 表示与其相连接的神经元输出；w_i^k 表述相应的连接权系数，$i=1, \ 2, \ \cdots, \ p$。

神经元的激励函数是神经元输入函数响应 f 的函数，即

$$\text{output} = o_i^k = a\left(f\right)$$

式中，$a\left(\cdot\right)$ 表示神经元的激励函数。

最常用的神经元输入函数和激励函数为

$$f_j = \sum_{i=1}^{p} w_{ji}^k u_i^k, \quad a_j = \frac{1}{1 + e^{-f_j}}$$

但是由于模糊神经网络的特殊性，为满足模糊化计算、模糊逻辑推理和精确化计算，对每一层的神经元函数应有不同的定义。下面给出一种满足要求的各层神经元节点的函数定义。

第一层：节点只是将输入变量值直接传送到下一层。所以

$$f_j^{(1)} = u_j^{(1)}, \quad a_j^{(1)} = f_j^{(1)}$$

且输入变量与第一层节点之间的连接系数 $w_{ji}^{(1)} = 1$。

$$u_j^{(1)} = x_j, \quad j = 1, \cdots, n$$

第二层：如果采用一个神经元节点而不是一个子网络来实现语言值的隶属度函数变换，则这个节点的输出就可以定义为隶属度函数的输出。如钟形函数就是一个很好的隶属度函数

$$f_j^{(2)} = M_{X_i}^j(m_{ji}^{(2)}, \sigma_{ji}^{(2)}) = -\frac{(u_i^{(2)} - m_{ji}^{(2)})}{(\sigma_{ji}^{(2)})^2} \quad a_j^{(2)} = e^{f_j^{|(2)|}} \tag{6-1}$$

式中，m_{ji} 和 σ_{ji} 分别表示第 i 个输入语言变量 X_i 的第 j 个语言值隶属度函数的中心值和宽度。

因此，可以将函数 $f(\cdot)$ 中的参变量 m_{ji} 看作是第一层神经元节点与第二层神经元节点之间的连接系数 $w_{ji}^{(2)}$，将 σ_{ji}；看作是与 Sigmoid 函数相类似的一个斜率参数。

第三层：完成模糊逻辑推理条件部的匹配工作。因此，由最大、最小推理规则可知，规则节点实现的功能是模糊"与"运算，即……

$$f_j^{(3)} = \min(u_1^{(3)}, u_2^{(3)}, \cdots, u_p^{(3)}) \quad a_j^{(3)} = f_j^{(3)} \tag{6-2}$$

且第二层节点与第三层节点之间的连接系数 $w_{ji}^{(3)} = 1$。

第四层：①实现信号从上到下的传输模式；②实现信号从下到上的传输模式。在从上到下的传输模式中，此节点的功能与第二层中的节点完全相同，只是在此节点上实现的是输出变量的模糊化，而第二层节点实现的是输入变量的模糊化。这一节点的主要用途是为使模糊神经网络的训练能够实现语言化规则的反向传播学习。在从下到上的传输模式中，此节点实现的是模糊逻辑推理运算。根据最大、最小推理规则，这一层上的神经元实质上是模糊"或"运算，用来集成具有同样结论的所有激活规则。

$$f_j^{(4)} = \max \ (\ u_1^{(4)}, \ u_2^{(4)}, \ \cdots, \ u_p^{(4)}) \ a_j^{(4)} = f_j^{(4)} \qquad (6\text{-}3)$$

或

$$f_j^{(4)} = \sum_{i=1}^{p} u_1^{(4)} a_j^{(4)} = \min \ [\ 1, \ f_j^{(4)}\ ] \qquad (6\text{-}4)$$

且第三层节点与第四层节点之间的连接系数 $w_{ji}^{(4)} = 1$。

第五层：有两类节点。

①执行从上到下的信号传输方式，实现了把训练数据反馈到神经网络中去的目的，提供模糊神经网络训练的样本数据。对于这类结点，其神经元节点函数定义为

$$-f_j^{(5)} = y_j^{(5)} \qquad\qquad a_j^{(5)} = f_j^{(5)}$$

②执行从下到上的信号传输方式，最终输出就是此模糊神经网络的模糊推理控制输出。在这一层上的节点主要实现模糊输出的精确化计算。如果设 $m_{ji}^{(5)}$、$\sigma_{ji}^{(5)}$ 分别表示输出语言变量各语言值的隶属度的中心位置和宽度，则下列函数可以用来模拟重心法的精确化计算方法

$$f_j^{(5)} = \sum w_{ji}^{(5)} u_i^{(5)} = \sum_i [m_{ji}^{(5)} \sigma_{ji}^{(5)}] u_i^{(5)} a_j^{(5)} = \frac{f_j^{(5)}}{\sum_i \sigma_{ji}^{(5)} u_i^{(5)}} \qquad (6\text{-}5)$$

即第四层节点与第五层节点之间的连接系数 $w_{ji}^{(5)}$ 可以看作是 $m_{ji}^{(5)}$、$\sigma_{ji}^{(5)}$。i 遍及第 j 个输出变量的所有语言值。

至此，已经得到了模糊神经网络结构和相应神经元函数的定义，下面就解决如何根据提供的有限样本数据对此模糊神经网络进行训练。在对被控对象的先验知识了解较少的情况下，选用混合学习算法是解决问题的有效途径之一。

第二节　专家模糊控制系统

一、专家模糊控制系统的结构

专家模糊控制系统的结构具有不同的形式，但其控制器的主要组成部分是一样的，即专家控制器和模糊控制器。接下来我们讨论两个专家模糊控制系统结构的具体实例。

（一）船舰驾驶用专家模糊复合控制器的结构

该专家模糊控制系统为一多输入多输出控制系统，受控对象船舰的输入参量为行驶速度 u 和舵角 δ，输出参量为相对于固定轴的航向 ψ 和船舰在 xy 平面上的位置。本复合控制器由两层递阶结构组成，下层模糊控制器探求航向 ψ 与由上层专家控制器指定的期望给定航向 ψ_r 匹配，模糊控制器的规则采用误差 $e=(\psi-\psi_r)$ 及其微分来选择适应的输入舵角 δ。例如，模糊控制器的规则将指出：如果误差较小又呈减少趋势，那么输入舵角应当大体保持不变，因为船舰正在移动以校正期望航向与实际航向间的误差。另外，如果误差较小但其微分（变化率）较大，那么就需要对舵角进行校正以防止偏离期望路线。

专家控制器由船舰航向 ψ、船舰在 xy 平面上的当前位置和目标位置（给定输入）来确定以什么速度运行以及对模糊控制器规定给定航向。

（二）具有辨识能力的专家模糊控制系统的结构

专家控制器（EC）模块与模糊控制器（FC）集成，形成专家模糊控制系统。

在控制系统运行过程中，受控对象（过程）的动态输出性能由性能辨识模块连续监控，并把处理过的参数送至专家控制器。根据知识库内系统动态特性的当前已知知识，专家控制器进行推理与决策，修改模糊控制器的系数 K_1、K_2、K_3 和控制表的参数，直至获得满意的动态控制特性为止。

二、专家模糊控制系统示例

接下来进一步讨论船舰驾驶用专家模糊复合控制系统。首先解释船舰驾驶需要的智能控制问题，讨论所提出的智能控制器的作用原理；其次提供仿真结果以说明控制系统的性能；最后突出一些闭环控制系统评价中需要检查的问题。这里所关注的不是控制方法和设计问题本身，而在于提供一个能够阐明已学基本知识的具体的科学实例。

（一）船舰驾驶中的控制问题

假定有人想开发一个智能控制器，用于驾驶货轮往返一些岛屿之间而无须人的干预，即实现自主驾驶。特别假定轮船按照地图运行，轮船的初始位置由点 A 给出，终点位置为点 B，虚线表示两点间的首选路径，阴影区域表示 3 个已知岛屿。如前所述，本受控对象船舰的输入参量为行驶速度 u 和舵角 δ，输出参量为相对于同定轴的航向 ψ 和轮船 xy 平面上的位置，即假定该船具有能够提供对其当前位置精确指示的导航装置。

本专家控制器对支配推理过程的规则具有优先权等级，它以岛屿的位置为基础，选择航向和速度，以使船舰能够以人类专家可能采用的路线在岛屿间适当地航行。本专家控制器仅应用 10 条规则来表征船长驾驶船舰通过这些具体岛屿的经验。一般地，这些规则说明下列这些需要：船舰转弯减速、直道加速和产生使船舰跟踪航线的给定输入。当船舰开始处于位置 A 而且接收到期望位置 B 的信号时，有一个航线优化器提供所期望的航迹。

这里提出的基于知识的 2 层递阶控制器是 3 层智能控制器的特例，也可以把第 3 层加入本控制器以实现其他功能。这些功能如下。

（1）对船长、船员和维护人员的友好界面。

（2）可能用于改变驾驶目标的基于海况气象信息的界面。

（3）送货路线的高层调度。

（4）借助对以往航程的性能评估能够使系统性能与时俱增的学习能力。

（5）用于故障检测和辨识（如辨识某个发生故障的传感器或废件），使燃料消耗或航行时间为最小的其他更先进的子系统等。

新增子系统所实现的功能将提高控制系统的自主水平。通过指定参考航行轨迹，由上层专家控制器来规定下层模糊控制器将做些什么；高层的专家控制器仅关注系统反应较慢的问题，因为它只在很短时间内调节船舰速度，而低层的模糊控制器则经常更新其控制输入舵角 δ。

（二）系统仿真结果及其评价

使用专家模糊复合控制器对货轮驾驶进行的仿真。仿真结果表明，对专家模糊控制器使用一类启发信息，能够成功地驾驶货轮从起始点到达目的地。下面将讨论本智能控制系统性能的评价问题。

十分明显，技术对实现货轮驾驶智能控制器将产生重要影响。在考虑实现问题时，将会出现诸如复杂性和为船长和船员开发的用户界面一类值得关注的问题。如，如果船舰必须对海洋中的所有可能的岛屿进行导航（的复杂性）以及用户界面需要涉及人的因素等问题。此外，当出现轻微的摆动运动时，船舰穿行该航迹可能导致不必要的燃料消耗，这时，重新设计就显得十分重要。实际上，如何修改规则库以提高系统性能是比较清楚的，这涉及如下问题。

（1）何时将有足够的规则。

（2）增加了新规则后系统是否仍稳定。

（3）扰动（风、波浪和船舰负荷等）的影响是什么？

（4）为减少这些扰动的影响是否需要自适应控制技术？

保证对智能控制系统的性能更广泛和更仔细的工程评价和再设计是必要的。研究如何引入更先进的功能以期达到更高的自主驾驶水平，将是自主驾驶的一个富有成效的研究方向。

第三节　基于神经网络的自适应控制

一、自适应控制技术

自适应控制技术包括模型参考自适应控制和自校正控制，已经在线性多变量系统中得到广泛的应用，但非线性系统的自适应控制进展却相当缓慢。然而神经网络控制论的兴起为非线性系统的自适应控制提供了生机。大家知道，自适应控制系统能够实时、在线地了解对象，根据不断丰富的对象信息，通过一个可调节环节的调节，使系统的性能达到技术要求或最优。由此可见，自适应系统应该具有三大要素：①在线、实时地了解对象；②有一个可调节环节；③能使系统性能达到指标要求和最优。因此，一旦系统的某些状态可以通过在线测量，则神经网络控制器完全满足自适应控制系统的三大要素，是实现自适应控制的一个重要手段。参照线性系统的模型参考自适应控制的思想，K.S.Narendra 和他的学生K.Partha Sarathy 最早提出基于神经网络模型的非线性模型参考自适应控制。由于神经网络自适应控制器可以通过不断的学习来获取对象的模型知识和环境的变化模型，因此，能用适当的学习算法来实现神经网络的自适应控制。

常规的神经网络控制器本身也具有一定的自适应能力，它能利用被控对象实际输出与期望输出之差来调整控制器的行为。这种神经网络自适应控制是一种直接自适应控制技术。本节主要讨论常规线性多变量自适应控制技术在非线性系统控制中的推广应用。神经网络自适应控制器的设计与传统的自适应控制器的设计思想一样，有两种不同的设计途径：一是通过系统辨识获取对象的数学模型，再根据一定的设计指标进行设计；二是根据对象的输出误差直接调节控制器内部参数来达到自适应控制的目的。这两种控制设计思想又称为间接控制和直接控制。本节只介绍直接自适应神经网络控制技术。

二、神经网络的模型参考自适应控制

模型参考自适应控制在线性系统中已经得到了广泛应用。它通过选择一个适当的参考模型和由稳定性理论设计的自适应算法，并利用参考模型的输出与实际系统输出之间的误差信号，由一套自适应算法计算出当前的控制量去控制系统，达到自适应控制的目的。线性多变量系统自适应控制算法的主要问题是稳定性和实时性。虽然基于不同的稳定性理论设计的自适应算法很多，但它们在实时性方面都没有重大进展，因此影响了自适应控制的进一步应用。基于神经网络的自适应控制方法是将传统线性系统的自适应控制思想推广到非线性系统控制中去，并利用神经网络的并行快速计算能力和非线性映射能力，实现了自适应控制算法的在线应用，同时为非线性系统的自适应控制提供了契机。模型参考自适应控制的任务是确定控制信号 $[u(k)]$，使得相同参考输入下对象的输出 $y(k)$ 与参考模型的输出 $y_m(k)$ 之差不超过给定的范围。用公式表示为

$$\lim_{k \to \infty} \left\| y(k) - y_m(k) \right\| < \varepsilon \tag{6-6}$$

基于神经网络的模型参考自适应控制结构。

TDL 表示时滞环节，其作用是将当前时刻的信号进行若干步延迟。神经网络 N_i 是对非线性被控对象进行在线辨识，其目的是利用一定数量的系统输入输出数据来预报下一步系统的输出 $\hat{y}_p(k+1)$。预报的精确度用预报误差 $e_i(k+1) = \hat{y}_p(k+1) - y_p(k+1)$ 来衡量。同时，为保证辨识模型的辨识精度，在控制过程中还需要依据训练准则 J 进行不断的在线实时辨识。

$$J = \sum_{k=0}^{T_i} \left\| e_i(t+k) \right\|^2 \tag{6-7}$$

引入神经网络后，第一种情况，当系统辨识模型中当前的控制量 $u(k)$ 能够显式地表示为非线性映射关系，即控制 $u(k)$ 可显式地表示成 $\hat{y}_p(k+1) y(k)$，$\cdots$，$y(k-n)$，$u(k-1)$，$\cdots$，$u(k-n)$ 的函数时，可直接利用辨识模型构成模型参考自适应控制器。第二种情况，如果辨识模型中当前的控制 $u(k)$ 不能用 $\hat{y}_p(k+1)$，$y(k)$，$\cdots$，$y(k-n)$，$u(k-1)$，$\cdots$，$u(k-n)$ 显式表示时，则情况就复杂多了。此时需再引入一个神经网络控制器来实现自适应控制的能力。下面先看第一种情况。

例 1 非线性控制对象为

$$y(k+1) = \frac{y(k) y(k-1) [y(k)+2.5]}{1+y^2(k)+y^2(k-1)} \tag{6-8}$$

参考系统的模型为

$$y_m(k+1) = 0.6 y_m(k) + 0.2 y_m(k-1) + r(k)$$

式中，$r(k)$ 为有界的参考输入。

解记 $f[y(k), y(k-1)] = \dfrac{y(k) y(k-1) [y(k)+2.5]}{1+y^2(k)+y^2(k-1)} \tag{6-9}$

如果取

$$u(k) = -f[y(k), y(k-1)] + 0.6y(k+1) + 0.2y(k-1) + r(k) \quad (6\text{-}10)$$

则控制系统的误差方程为

$$e_c(k+1) = 0.6e_c(k) + 0.2e_c(k-1) \quad (6\text{-}11)$$

其中

$$e_c(k+1) = y_p(k+1) - y_m(k+1) \quad (6\text{-}12)$$

很显然，误差方程式（6-11）是渐渐稳定的。但是由于非线性方程 $f(\cdot)$ 是未知的，因此直接利用式（6-10）是难以进行控制的。基于神经网络的模型参考控制就是利用网络辨识模型取代未知的非线性方程 $f(\cdot)$，从而构成基于神经网络的模型参考自适应控制器。记 $N_i[y(k), y(k-1)]$ 是 $f[y(k), y(k-1)]$ 非线性函数的神经网络逼近函数。假设非线性方程 $f(\cdot)$ 已经由神经网络离线建模方法建立起来，即 $N_i[y(k), y(k-1)]$ 已知，则系统的实际控制输出为

$$u(k) = -N_i[y(k), y(k-1)] + 0.6y(k) + 0.2y(k-1) + r(k) \quad (6\text{-}13)$$

当参考输入 $r(k) = \sin(2\pi k/25)$ 时，基于神经网络的模型参考自适应控制的系统响应情况。不难看出，单纯地依赖神经网络模型进行模型参考自适应控制器的设计，其控制精度还不能达到较高的程度，主要原因在于受到神经网络模型的逼近精度和辨识模型缺乏自学习自调整机制的影响。尤其在时变系统中，这样构成的控制方式更无法满足高精度的要求。因此，这里可以借助在线辨识思想，利用当前系统的输入输出信息实现神经网络在线辨识，从而可以达到高精度、自适应神经网络建模的目的。实现在线辨识的关键问题是确定导师信号。根据系统方程式（6-8）可得，非线性函数 $f[y(k), y(k-1)]$ 的神经网络逼近函数 $N_i[y(k), y(k-1)]$ 的期望输出应为 $t_j(k+1) = y_p(k+1) - u(k)$。设神经网络 $N_i[y(k), y(k-1)]$ 的输出为 o_j，则利用传统的反向传播学习算法就可以对 N_j 进行在线学习和辨识，以满足时变的、高精度控制的目的。

对于第二种情况，由于当前控制输出 $u(k)$ 不能直接用 $\hat{y}_p(k+1)$，$y(k)$，…，$y(k-n)$，$u(k-1)$，…，$u(k-n)$ 显式表示出来，因此需对含当前控制项的非线性函数进行求逆。为简单起见，不失一般性，设某一系统方程为

$$y(k+1) = f[y(k), y(k-1), u(k-1)] + g[u(k)] \qquad (6-14)$$

当 $g[u(k)] \neq u(k)$ 时，$g(\cdot)$ 本身就是一个非线性函数，此时不能如上例那样简单地得到自适应控制率。为了实现自适应控制的目的，必须得到 $g(\cdot)$ 函数的逆模型。同样，这里用两个神经网络模型 N_f 和 N_g 来逼近函数 $f(\cdot)$ 和 $g(\cdot)$，则辨识模型为

$$\hat{y}_p(k+1) = N_f[y(k), y(k-1), u(k-1)] + N_g[u(k)] \qquad (6-15)$$

假设参考模型与上例完全相同，则自适应控制率为

$$u(k) = \hat{g}^{-1}\{-N_f[y(k), y(k-1), u(k-1)] \qquad (6-16)$$
$$+ 0.6y(k) + 0.2y(k-1) + r(k)\}$$

神经网络 N_f 和神经网络 N_g。可以通过神经网络辨识原理来获取。但是因为 N_g 太复杂，以致无法直接从 N_g 中得到 $\hat{g}^{-1}$。解决的方法是间接地采用另一神经网络模型来逼 $\hat{g}^{-1}$。这种逼近方法通过选取控制 $u(k)$ 值域内不同取值下系统的响应情况使得 N_g 和 N_f 能广泛地工作在非线性的范围内达到充分逼近的目的，并使这一网络 N_c 满足 $N_g[N(r)] = r$，从而得到模型参考自适应控制率

$$u(k) = N_c\{-N_f[y(k), y(k-1), u(k-1)] \qquad (6-17)$$
$$+ 0.6y(k) + 0.2y(k-1) + r(k)\}$$

若这个逆模型 $\hat{g}^{-1}$ 存在，则采用上述方法可以解决模型参考自适应控制的设计问题，一旦逆模型 $\hat{g}^{-1}$ 不存在，基于逆模型的神经网络的控制问题就会遇到相当大的困难。有时，即使逆模型 $\hat{g}^{-1}$ 存在但不是唯一时，也不能用上面方法来解决。所幸的是，采用动态 BP 学习算法，问题有望得到解决。

若 $g(u) = [u(k)+1]u(k)[u(k)-1]$，则当 $u = -1$、$u = 0$、$u = 1$ 时，都有 $g(u) = 0$。那么当 $g(u) = 0$ 时，控制量 $u(k)$ 应该取多少？可见单靠直接求逆的方法并不能解决这一逆模型不是唯一的系统设计问题。因此，可以采用动态 BP 学习算法通过神经网络辨识模型建立一套自适应学习机制来达到控制器自学习的目的。为说明问题，这里

以一阶系统为例

$$y(k+1) = f[y(k)] + g[u(k)] \qquad (6-18)$$

假设函数 $f(\cdot)$、$g(\cdot)$ 的神经网络模型已经通过离线建模精确得到，从而使得模型 $y(k+1) = N_f[y(k)] + N_g[u(k)]$ 以足够的精度逼近对象模型。动态 BP 学习算法的出发点不是直接产生系统的逆模型 $\hat{g}^{-1}$，而是根据辨识模型的输出 $\hat{y}_p(k)$［注意不是对象的实际输出 $y_p(k)$］与参考模型的输出 $y_m(k)$ 之差 $e(k) = \hat{y}_p(k) - y_m(k)$ 信号的大小进行控制网络的学习。神经网络控制器 N_c 的训练准则为

$$J_c = \sum_{k=0}^{T_c} e_c(t+k)^2 \qquad (6-19)$$

参考文献

［1］常晋义，王小英，周蓓.计算机系统导论［M］.北京：清华大学出版社，2011.

［2］姜薇，张艳.大学计算机基础教程［M］.徐州：中国矿业大学出版社，2008.

［3］丛晓红，郭江鸿.大学计算机基础［M］.北京：清华大学出版社，2010.

［4］潘卫华，张丽静，张锋奇，等.大学计算机基础［M］.北京：人民邮电出版社，2015.

［5］周勇.计算思维与人工智能基础［M］.北京：人民邮电出版社，2019.

［6］刘鹏，张燕，张重生，等.大数据［M］.北京：电子工业出版社，2017.